essentials

essentials liefern aktuelles Wissen in konzentrierter Form. Die Essenz dessen, worauf es als „State-of-the-Art" in der gegenwärtigen Fachdiskussion oder in der Praxis ankommt. *essentials* informieren schnell, unkompliziert und verständlich

- als Einführung in ein aktuelles Thema aus Ihrem Fachgebiet
- als Einstieg in ein für Sie noch unbekanntes Themenfeld
- als Einblick, um zum Thema mitreden zu können

Die Bücher in elektronischer und gedruckter Form bringen das Fachwissen von Springerautor*innen kompakt zur Darstellung. Sie sind besonders für die Nutzung als eBook auf Tablet-PCs, eBook-Readern und Smartphones geeignet. *essentials* sind Wissensbausteine aus den Wirtschafts-, Sozial- und Geisteswissenschaften, aus Technik und Naturwissenschaften sowie aus Medizin, Psychologie und Gesundheitsberufen. Von renommierten Autor*innen aller Springer-Verlagsmarken.

Mario H. Kraus

Die Arena – das Stadion

Geschichte. Entwicklung. Bedeutung.

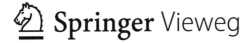 Springer Vieweg

Mario H. Kraus
Berlin, Deutschland

ISSN 2197-6708 ISSN 2197-6716 (electronic)
essentials
ISBN 978-3-658-39921-4 ISBN 978-3-658-39922-1 (eBook)
https://doi.org/10.1007/978-3-658-39922-1

Die Deutsche Nationalbibliothek verzeichnet diese Publikation in der Deutschen Nationalbibliografie; detaillierte bibliografische Daten sind im Internet über http://dnb.d-nb.de abrufbar.

Planung/Lektorat: Karina Danulat
Springer Vieweg ist ein Imprint der eingetragenen Gesellschaft Springer Fachmedien Wiesbaden GmbH und ist ein Teil von Springer Nature.
Die Anschrift der Gesellschaft ist: Abraham-Lincoln-Str. 46, 65189 Wiesbaden, Germany

Was Sie in diesem *essential* finden können

- ... ein vertieftes Wissen über eine besondere Bauform,
- ... ein Gefühl für die Raumnutzung in Siedlungsräumen,
- ... einige Einblicke in die epochenübergreifende Baugeschichte.

Vorwort

Stadien habe ich in meinem Leben eher selten aufgesucht, und dann meist in leerem Zustand. Ich mag keine Massenveranstaltungen (wobei ich zugeben muss, dass ich früher öfter beim Pferderennen war). Es fällt mir auch schwer, einem Geschehen zu folgen, ohne etwas dazu beizutragen.

Doch haben Stadien als Bauwerke eine große Anziehungskraft. Wer sie versteht, hat etwas über Gesellschaften gelernt. Ich bin neugierig im Berliner *Olympiastadion* ebenso wie in der *Arena di Verona* herumgeklettert (ja ja, schon Goethe ...) und kenne etliche Sportstätten kleinerer oder mittlerer Städte.

Schon vor Jahren begann ich mich näher mit dieser Bauform zu befassen und dabei über die Gesellschaften nachzudenken, für die sie steht. Das begann mit der Fußball-Weltmeisterschaft 2006.

Nun bin ich endlich dazu gekommen, etwas darüber zu schreiben und damit meine Gedanken zu ordnen. Ich danke dem Verlag Springer Vieweg Wiesbaden, vor allem Karina Danulat, dafür, einen weiteren Beitrag in der *essentials*-Serie veröffentlichen zu können.

Berlin   Mario H. Kraus
im Sommer 2022

Inhaltsverzeichnis

1 Ursprünge und Begrifflichkeiten 1
  1.1 Geschichtliche Entwicklung 1
  1.2 Gesellschaftliche Bedeutung 5

2 Arena/Stadion – einst und heute 9
  2.1 Altertum 9
  2.2 Moderne 10

3 Ein- und Überblicke 13
  3.1 Versammlungsort 13
  3.2 Wettkampf und Unterhaltung 15
  3.3 Nebenzwecke und Schattenseiten 19

4 Massenpaniken und Todesfälle 23

5 Abschluss 27

6 Orte und Zahlen 31

Anhang 37

Literatur 53

Über die Author

Dr. Mario H. Kraus (*1973 Berlin) seit 2002 Mediator und Publizist (Fachgebiet Wohnungswirtschaft/Stadtentwicklung, mediation.kraus@berlin.de), Dissertation bei dem Stadtforscher Prof. Dr. Hartmut Häußermann (*1943, †2011), Humboldt-Universität zu Berlin 2009, betreute ein landeseigenes Wohnungsunternehmen, unterrichtete Mediation (Humboldt-Universität, Universität Rostock), veröffentlichte Beiträge in Fachzeitschriften sowie mehrere Fachbücher und ist heute Mitglied des Aufsichtsrats der größten Berliner Wohnungsgenossenschaft.

Abbildungsverzeichnis

Abb. 1.1   Entstehung des Stadions durch Raumstaffelung des
           ebenerdigen Versammlungsorts 3
Abb. 1.2   Entstehung des Raums im Erleben und Handeln des
           Menschen 5
Abb. 3.1   Umkehrung der Aufmerksamkeit: Panoptikum und
           Anti-Panoptikum 20
Abb. 5.1   Ich hier, ihr dort – so einfach ist es heute nicht mehr 29

Ursprünge und Begrifflichkeiten 1

1.1 Geschichtliche Entwicklung

Arena (lat. *arena*, ursprünglich Sand, Wüste, Strand, später Wettkampfplatz) und *Stadion* (griech. *stadion*, lat. *stadium*, Wettkampfbahn) als baulicher Typ entstanden aus dem Versammlungsort zu ebener Erde: Ist etwas geschehen oder geschieht gerade etwas, laufen Menschen zusammen. Sie umringen das Geschehen; sie drängen sich aneinander. Die Kleineren versuchen sich durch die Reihen der Größeren vor ihnen hindurch zu winden. Ganz von allein bildet diese Menge ein Rund oder Oval.

Geschieht dies jedoch zu ebener Erde, werden ab einer bestimmten Größe der Menge, ab einem bestimmten Grad der Erregung, die hinten/außen Stehenden nur noch wenig von dem vorn/innen Geschehenden mitkriegen. Das schafft Unruhe und kann sogar neues Geschehen bis zur Panik der Masse auslösen.

In allen Kulturen haben die Anführer und Ältesten der Stämme ihre Gemeinschaften um sich geschart. Über Jahrtausende erwies es sich dabei immer wieder als mehrfach sinnvoll, für wiederkehrende Zwecke wie Versammlungen und Verkündungen, Wettkämpfe und Gerichtstage fest verortete Stätten zu errichten:

- Es wurde ein geeigneter Ort gewählt oder geschaffen, an dem alle Platz fanden und nicht von alltäglichen Verrichtungen abgelenkt wurden.
- Dieser Ort diente auch dazu, die versammelte Gemeinschaft sichtbar und fühlbar zusammenzuhalten, zu vereinigen und zu beeinflussen.
- Der Ort sollte zudem mit seiner Anordnung und Gestaltung den Zweck der Versammlung befördern, also die Versammelten bergen, beeindrucken oder auch einschüchtern.

© Der/die Autor(en), exklusiv lizenziert an Springer Fachmedien Wiesbaden GmbH, ein Teil von Springer Nature 2022
M. H. Kraus, *Die Arena - das Stadion,* essentials,
https://doi.org/10.1007/978-3-658-39922-1_1

Gemeinschaft, Ort und Kult/Ritual/Tradition gehörten und gehören zusammen – mindestens seit dem Ende der letzten Eiszeit, dem Beginn der Sesshaftigkeit des Menschen. Nicht zuletzt Höhlenmalereien lassen aber darauf schließen, dass sich bereits nomadische Gesellschaften vor Zehntausenden von Jahren bedeutungsvolle Orte, Stätten, schufen oder erwählten. *Arena* und *Stadion* in ihrer im Wesentlichen in die Neuzeit übernommenen Form entstanden in der Antike – neben dem *(Amphi-)Theater*. Der deutsche Begriff *Stätte* ist erst etwa 1.200 Jahre alt und bezeichnet seit jeher einen besonderen Ort oder Platz (Gedenkstätte, Sportstätte, Richtstatt, Walstatt, Werkstatt, …); er ist wie *Staat* oder *Stadt* römischen Ursprungs (lat. *status*, Stellung, Zustand).

Soll aus einem öffentlichen Platz ein regelmäßig genutzter Versammlungsort werden, ist es naheliegend, von vorn/innen nach hinten/außen treppenartig ansteigende Reihen um einen Mittelraum anzulegen (Abb. 1.1). Diese bilden einen Kreis, Halbkreis oder ein Oval. So können alle Anwesenden sitzend oder stehend einigermaßen gut sehen und hören, was geboten wird. Sie müssen sich nicht mehr drängeln, sondern können auch längere Aus- und Vorführungen verkraften.

Das macht aus dem beliebigen, mitunter zufälligen Versammlungsort eine Stätte der Selbstdarstellung – der Darbietenden, der Beiwohnenden und der gesamten Gemeinschaft. Die Stätte ist nun keine Fläche mehr, sondern ein Raumgebilde: Von einem Ort oder Platz in der Mitte eröffnet sich ein Raum der Gemeinschaft. Er dient gemeinsamen Zwecken, es gibt gemeinsame Regeln. Alle Anwesenden sind einbezogen, mit (überwiegend) den selben Absichten, Erwartungen, Rollen. Schon die Zahl der Plätze wirkt begrenzend; der Zugang kann durch Einladung, Zugehörigkeit oder in neuerer Zeit ein Eintrittsgeld geregelt sein. Wer etwas anderes will oder ist, gehört nicht dazu. Die einzigen, die im Rahmen festgeschriebener Rollen etwas anderes wollen oder sein dürfen, sind im Mittelraum:

- Sie führen die Gemeinschaft, haben etwas zu verkünden.
- Sie sollen die Gemeinschaft mit Wettkämpfen oder anderen Darbietungen unterhalten.
- Sie sind Beschuldigte, die sich für vermeintliches Fehlverhalten vor der versammelten Gemeinschaft rechtfertigen sollen.

Ein Stadion kann teilweise in einen Hang eingelassen, in die Erde abgesenkt oder als erhabenes Bauwerk errichtet werden. Ersteres entspricht dem Stadion der griechischen Antike, letzteres dem der römischen: Dass ein Stadion nicht nur durch Zweck und Ort wirkt, sondern auch durch Gestaltung, wurde schon vor

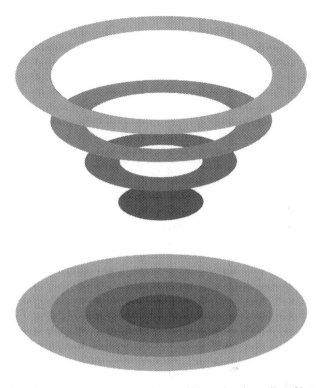

Abb. 1.1 Entstehung des Stadions durch Raumstaffelung des ebenerdigen Versammlungs-orts

über 2000 Jahren verstanden. Repräsentation, Faszination, Prestige – das *Colosseum* in Rom ist das wohl bekannteste Beispiel, seine Ausmaße wurden erst im 20. Jahrhundert übertroffen. Stadien befinden sich aus verständlichen Gründen in oder bei städtischen Siedlungsräumen. Sie sind Teil des städtischen Lebens, allerdings ein nicht-alltäglicher Teil mit Ereigniswert. Der Schriftsteller *Elias Canetti* (*1905, †1994) notierte vor gut 60 Jahren in seinem bekanntesten Werk „Masse und Macht":

> *„Eine zweifach geschlossene Masse hat man in der Arena vor sich. ... Die Arena ist nach außen hin gut abgegrenzt. Ihre Lage in der Stadt, der Raum, den sie einnimmt, ist allgemein bekannt. Man fühlt immer, wo sie ist, auch wenn man nicht an sie denkt. Rufe von ihr dringen weithin. Wenn sie oben offen ist, teilt sich manches vom Leben, das*

sich in ihr abspielt, der umliegenden Stadt mit. Aber erregend wie diese Mitteilungen auch sein mögen, ein unbehinderter Zustrom in die Arena ist nicht möglich. Die Zahl der Plätze, die sie fasst, ist beschränkt. Ihrer Dichte ist ein Ziel gesetzt. Die Sitze sind so angelegt, dass man sich nicht zu sehr drängt. Die Menschen sollen es bequem haben. Sie sollen gut sehen können, jeder von seinem Platz, und sie sollen sich nicht untereinander stören.

Nach außen, gegen die Stadt, weist die Arena eine leblose Mauer. Nach innen baut sie eine Mauer von Menschen auf. Alle Anwesenden kehren der Stadt ihren Rücken zu. Sie haben sich aus dem Gefüge der Stadt, ihren Mauern, ihren Straßen herausgelöst. Für die Dauer ihres Aufenthalts in der Arena scheren sie sich um nichts, was in der Stadt geschieht. Sie lassen das Leben ihrer Beziehungen, ihrer Regeln und Gewohnheiten dort zurück. Ihr Beisammensein in großer Zahl ist für eine bestimmte Zeit gesichert, ihre Erregung ist ihnen versprochen worden – aber unter einer ganz entscheidenden Bedingung: Die Masse muss sich nach innen entladen.

Die Reihen sind übereinander angelegt, damit alle sehen, was unten vorgeht. Aber das hat zur Folge, dass die Masse sich selber gegenübersitzt. Jeder hat tausend Menschen und Köpfe vor sich. Solange er das ist, sind sie alle da. Was ihn in Erregung versetzt, erregt auch sie, und er sieht es. ... Sie werden sich alle sehr ähnlich, sie benehmen sich ähnlich. Er bemerkt an ihnen nur, was ihn jetzt selber erfüllt. Ihre sichtbare Erregung steigert die seine. Die Masse, die sich selber so zur Schau stellt, ist nirgends unterbrochen. Der Ring, den sie bildet, ist geschlossen. Es entkommt ihr nichts. ... ".

Menschen schaffen sich die Räume ihres Seins und bedienen sich dazu auch der Baukörper. Mit anderen Worten überlagern sich gerade in Siedlungsräumen gebaute und empfundene Grenzen. Die Zonierung des Raums nach dem deutschen Philosophen *Peter Sloterdijk* (*1947), der wiederum Erkenntnisse des österreichischen Soziologen *Alfred Schütz* (*1899, †1959) und des US-amerikanischen Anthropologen *Edward T. Hall* (*1914, †2009) nutzte, berücksichtigt die Reichweiten menschlichen Handelns, die jeweiligen Handlungsspielräume. Diese umfassen insbesondere

- das *Chirotop* (griech. *cheir*, Hand, *topos*, Ort), den Raum des Machens, der körperlichen Tätigkeit,
- das *Visotop* (lat. *visio*, sehen), den Raum des Sehens, das Gesichtsfeld,
- das *Audio-/Phonotop (lat. audio, hören, griech. phonein, tönen, sprechen)*, den Raum des Hörens,
- das *Mediotop* (lat. *medius*, mitten), das als *Infosphäre* oder *Cyberspace* entfernte Orte verbindet, und
- das *Nomotop* (griech *nomos*, Bezirk, lat. *nominalis*, zum Namen gehörig), den allumfassenden Raum des Rechts.

In städtischen Siedlungsgebieten ist das *Audiotop* zumeist größer als das *Visotop*: Man hört auch um die Straßenecken herum, während die Sicht nicht weiter als bis zur nächsten Hauswand reicht. Im Stadion wie auch im Theater ist der gemeinsame Erlebnisraum aber ein einheitlicher Blick- und Schallraum: Alle Anwesenden können alles verfolgen, sind mit dabei; sie können (und wollen) aber nicht wahrnehmen, was jenseits des Baukörpers geschieht.

1.2 Gesellschaftliche Bedeutung

Menschen haben stets bestimmte räumlich-zeitliche Ordnungs- und Richtungsbeziehungen zu ihrer Umwelt (Abb. 1.2). Einige davon werden ihnen von außen vorgegeben, wie die Schwerkraft, die Himmelsrichtungen, die Abfolge von Tag und Nacht, die Jahreszeiten oder auch die Anordnung und Gestaltung von Baukörpern. Andere ändern sie selbst durch Bewegung, durch Handeln. Erlebter Raum ist mehr als nur die Gesamtheit der messbaren Ausdehnungen von Lebenswelten; er entsteht aus Gemeinsamkeiten und Gegensätzlichkeiten. Bei einer Massenveranstaltung etwa

Abb. 1.2 Entstehung des Raums im Erleben und Handeln des Menschen

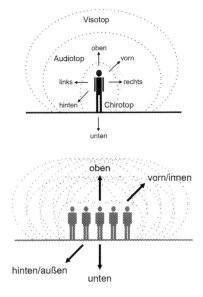

- entsteht Gemeinsamkeit schon durch Anlass und Zweck, die übereinstimmenden Erwartungen der Anwesenden,
- den Versammlungsort, der ihnen für eine bestimmte Zeit einen bestimmten Raum bietet,
- und die notwendige Ausrichtung ihrer Wahrnehmung, ihrer Aufmerksamkeit, ihrer Gefühlswelten, nach „innen", auf den Kernort des Geschehens.

Menschen werden hier zusammengefasst; ihr Teilnehmen ist beschränkt auf das sehende und hörende Erleben, auf das gemeinsame Jubeln oder auch Verzweifeln. So entsteht eine besondere *Atmosphäre* (griech. *atmos*, Dampf, Dunst, *sphaira*, Kugel, Ball) in einer gefühlsträchtigen Lärmglocke (Atmosphären sind im Übrigen erst seit einigen Jahren Forschungsgegenstand). Sie ermöglichen Kollektiv-Trancen, Kollektiv-Faszinationen, Kollektiv-Illusionen, Kollektiv-Spektakel; sie erschaffen *Instant Communities*. Solche stimmungsgeladenen und erregten Massen gab es bei den antiken Wagenrennen und Gladiatorenkämpfen, über Jahrhunderte bei den Festen der verschiedenen Glaubensgemeinschaften, aber auch bei den Aufmärschen und Kundgebungen der Diktaturen des 20. Jahrhunderts. Es wird sie immer geben, so lange es Massengesellschaften gibt. Das gemeinsame Erlebnis von Anwesenden, das gefühlte körperlich-räumliche Miteinander, ist auch in der Moderne etwas Verbindendes und Begeisterndes. Es ist keine Frage der Gesellschaftsordnung.

Heutige Massenveranstaltungen in zielführend durchgestalteten Erlebnisräumen stehen für eingehegte menschlichen Urkräfte. Der Tausch von Geld gegen Begeisterung ist eine Art von Befriedung. Was aber eine gute Zeit im Stadion ausmacht, und das gilt ähnlich auch für Konzerte und andere Ereignisse, lässt sich bestenfalls pauschal fassen: Wenn die richtigen Leute in der richtigen Stimmung zur richtigen Zeit am richtigen Ort zusammenkommen, kann etwas Gutes daraus werden; die entsprechende Vorauswahl der Teilnehmenden entsteht durch Zweck und Anlass. Im Einzelnen wirken die baulichen Raumgestaltungen, das jeweilige Wetter, der Verlauf des Spiels, die Vorgeschichte der beteiligten Mannschaften und vieles mehr.

Seit Beginn der Moderne wächst die Zahl der Fern-Anwesenden, die über die Zeitung, später über Rundfunk und Fernsehen, heute über das Netz, dabei sein können. Erlebnisse werden über das *Mediotop* übertragen und vervielfältigt, werden damit zu einer Ware oder Dienstleistung. Zumindest bei großen Wettkämpfen, den Olympiaden, Welt- und Europameisterschaften, gibt es längst mehr Fern-Anwesende als Anwesende vor Ort. Wäre es anders, ließen sich die heutigen Gewinnerwartungen der Veranstaltenden überhaupt nicht verwirklichen. In Ausnahmefällen, etwa bei Sicherheitsbedenken oder in der Zeit der

Corona-Pandemie, fanden und finden Sportereignisse sogar ausschließlich mit Fernanwesenden statt.

Die Reichweite und Sichtbarkeit von Sportwettkämpfen wirkt folgerichtig längst über die einzelne Stadt hinaus. Dafür sorgt der Wettbewerb vor allem der großen Städte und ihrer Staaten. Dieser Wettbewerb verlockt mitunter auch bei angespannter Haushaltslage zur Bewerbung um die Austragung von Olympiaden oder Weltmeisterschaften.

Das *Nomotop* bildet aufgrund der allgemeinen Verrechtlichung, der Durchdringung aller Lebensbereiche mit Rechtsvorschriften in der Moderne, den weitesten Rahmen: Geht es doch nicht mehr nur um Spielregeln der Sportarten, sondern um millionenschwere Urheber- und Vermarktungsrechte, Deutungshoheiten und Siedlungsentwicklung. Die Folge ist eine beeindruckende Regelungsdichte für alle Beteiligten.

2

2.1 Altertum

Ein *Stadion* maß ursprünglich die Länge einer Laufbahn; es entsprach Strecken zwischen 177,6 m und 192,3 m (Olympia), nach anderen Quellen 165 m bis 196 m. In Griechenland galt 1 *stadion* = 600 *pous* (Fuß), im Römischen Reich 1 *stadion* = 625 *pes*. Der Wettlauf gehörte im antiken Griechenland zu den wichtigen Sportarten. Er wurde schon vor mindestens 2900 Jahren betrieben. Andere alt-olympische Sportarten waren Boxen und Ringen, Reiten und Wagenrennen oder Speer- und Diskuswurf. Dies alles war Teil einer ganzheitlich verstandenen Ertüchtigung von Körper und Geist. Dieser Ansatz der Vervollkommnung wurde nicht nicht zweckfrei oder spaßgeleitet betrieben; vielmehr diente er dazu, die Bürger der oftmals verfeindeten Stadtstaaten leistungsfähig und verteidigungsbereit zu halten. Erfolgreiche Sportler waren hochgeachtet und wurden meist wohlhabend – sofern sie es nicht schon vorher waren, um sich den Sport leisten zu können.

Das Stadion von Olympia fasste zunächst 20.000–30.000, nach seiner Erweiterung vor etwa 2400 Jahren 40.000–50.000 Menschen. Dabei wurden die heute noch üblichen treppenförmigen Sitzreihen und die gerundeten Abschlüsse errichtet. Überliefert sind Wettkämpfe von 776 v. u. Z. bis 393 n. u. Z. Bekannt sind auch die Anlagen von Delphi, Athen, Epidauros, Isthmia, Nemea, Messene, Milet oder Samos. Erst 549 n. u. Z. fand das letzte Wagenrennen im römischen Circus Maximus statt.

Im Römischen Reich waren sportliche Wettkämpfe vor allem wichtig zur Ablenkung und Unterhaltung des Volkes. Sie gehörten neben der staatlichen Verteilung von Brot, Olivenöl und Wein zu den üblichen Leistungen für Bedürftige – *panem et circenses*, Brot und Spiele. Die zumeist armen Menschen sehnten

M. H. Kraus, *Die Arena - das Stadion,* essentials, https://doi.org/10.1007/978-3-658-39922-1_2

sich nach Zeitvertreib in den dicht besiedelten Städten. Der Zutritt war kostenlos, Sponsoren waren meist reiche Bürger, gelegentlich auch der Imperator. Typisch für die Zeit waren *Amphitheater* für Gladiatorenkämpfe. Das erste entstand um 70 v. u. Z. in Pompeji, das größte war das 70–80 n. u. Z in Rom errichtete, später *Colosseum* genannte, *Flavische Amphitheater* – mit Platz für 50.000–80.000 Menschen. Die Größenordnungen von damals sind bis heute Vorbild.

In den folgenden Jahrhunderten bis zum Beginn der Moderne waren Massenveranstaltungen in den meisten Ländern nur zu ganz bestimmten Zwecken erwünscht. Das waren zumeist Gottesdienste und Kirchenfeiertage, Markttage und natürlich Krönungen und Hochzeiten der jeweiligen Fürsten. Sport wurde getrieben, aber von Land zu Land, von Ort zu Ort sehr unterschiedlich. Die Turniere der Ritter waren beispielsweise gesellschaftlich wichtige Anlässe; Sportarten wie Fechten oder Bogenschießen entstanden aus Kriegshandwerk und Jagdvergnügen der Adligen. Laufen oder Turnen verbreiteten sich erst ab dem 19. Jahrhundert, während es Ballspiele (auch Frühformen von Fußball oder Tennis) oder örtliche Besonderheiten wie Baumstamm- und Axtwerfen (Nordeuropa), Pferderennen (Italien) oder Stierkampf (Spanien) schon länger gab. Die einzigen Anlässe, zu denen ansonsten größere Volksmassen zusammenkamen, waren Kriege und Aufstände. Letztere zu verhindern, war bis in das 19. Jahrhundert hinein ein wesentliches Anliegen der Stadtplanung. Gesellschaftliche Umbrüche wurden dadurch bekanntlich nicht verhindert …

2.2 Moderne

… und nicht zufällig brachten die Umbrüche, aus denen im 19. Jahrhundert das Zeitalter der Moderne entstand, auch neue Formen städtischer Unterhaltung. Der öffentliche Raum wurde erschlossen, Städte wurde planmäßig verbessert – eine Lehre aus Pest und Cholera. Öffentliche Grünflächen und Sportanlagen gehörten dazu. Hauptsächlich in Großbritannien und in Deutschland entstanden in den letzten 200 Jahren etliche heute noch übliche Sportarten. Auch wer Klischees scheut, kommt nicht umhin festzustellen, dass auf den Inseln eher die Mannschafts- und „Zuschau"-Sportarten gepflegt wurden, hierzulande aber als Folge der Napoleonischen Kriege und des Wiener Kongresses das Turnen und ähnliche weniger lebenslustige, dafür wehrförderliche Übungen. Die bekannten *(indoor-)*Übungen an „Barren, Kasten, Reck und Stange" verleiden so manchen Kindern und Jugendlichen heute noch den Sportunterricht …

Ausgrabungen des Altertumsforschers *Ludwig Curtius* (*1874, †1954) am Ort des antiken Olympia markierten einen Neubeginn: Der französische Gelehrte

Pierre de Frèdy, Baron de Coubertin (*1863, †1937), betrieb erfolgreich die Wiederbelebung der Spiele (wenngleich er etwas gegen weibliche Beteiligung hatte). 1896 fand die erste Olympiade am antiken Ort statt – mit 295 Sportlern aus 13 Staaten. Die Stätte war mit dem Geld des griechischen Geschäftsmannes *Georgios Averoff* auf etwa 80.000 Plätze erweitert worden; der Architekt *Anastasios Metaxas* nahm als Sportschütze selbst an der Olympiade teil.

1900 in Paris – 1.066 Sportler und 11 Sportlerinnen aus 21 Ländern! – und 1904 in St. Louis waren die Olympiaden nur Nebenzweck von Weltausstellungen und zogen sich über Monate; 1906 wurden in Athen Zwischenspiele veranstaltet. 1908 fanden die Spiele in London im neu errichteten, heute nicht mehr erhaltenen *White City Stadion* statt, einem Zweckbau aus Eisen und Zement mit 70.000 Plätzen.

Stadien waren von nun an nicht mehr nur aufs Wesentliche beschränkte Hüllen der Ereignisse, sondern zeigten als Baukörper Zeitgeist und Bedeutung. Auch das war eine Rückbesinnung auf die römische Antike. Es wurde üblich, für Großereignisse – zunächst des Sports – jeweils eigene, den Siedlungsraum prägende Bauten zu errichten. Grundsätzliches änderte sich in der Zwischenkriegszeit: Europäische Stadtplanung wurde im 19. Jahrhundert gelenkt von der Angst vor Seuchen, Großbränden (und Aufruhr, den es tatsächlich immer wieder gab). Den breiten Volksmassen Versammlungsorte zu errichten, wurde nicht ernsthaft erwogen. Das änderte sich jetzt, zumal moderne Massenunterhaltung gewinnversprechender war als das althergebrachte Theater oder die Oper. Eine Ausnahme war wieder einmal Großbritannien, das auch nicht krisenfrei, sich bereits vor dem I. Weltkrieg dem Massensport öffnete: Gerade Fußball und Cricket waren schon vor der ersten modernen Olympiade massenwirksam, aber auch Boxen, Rugby, Polo und Tennis.

1932 wurden bei der Olympiade von Los Angeles die Wettkämpfe erstmals zeitlich auf zwei Wochen verdichtet. Die Olympiade 1936 in Berlin war der erste Erfolg weltanschaulicher Propaganda in Gestalt sportlicher Wettkämpfe – und die erste Olympiade, die im noch neuen Fernsehen übertragen wurde. Der zugehörige Film von *Leni Riefenstahl* (*1902, †2003) galt künstlerisch und handwerklich über Jahrzehnte als wegweisend. Die Olympische Fahne und der Olympische Eid wurden übrigens 1920 in Antwerpen eingeführt, das Olympische Feuer 1928 in Amsterdam, der Feuerlauf 1936 in Berlin.

Stadien können erstaunlich, erhaben, beeindruckend, gar schön sein. Beispiele dafür füllen heute ganze Bildbände. Würde man nur diejenigen besuchen wollen, die sich durch bauliche Besonderheit auszeichnen, man wäre über Jahre beschäftigt. Sie prägen seit 100 Jahren viele Städte; sie vermitteln Selbstbewusstsein und Weltanschauungen.

Ein Stadion ist naturgemäß ein *Solitär*. Es ist klarer gegliedert als so mancher Bahnhof oder Flughafen, um zwei andere Bauformen der Moderne zu nennen. Es besteht aus einem Erdbauwerk, ebenerdig oder abgesenkt, das Spielfelder und Wettkampfanlagen umfasst, sowie dem Tribünen-/Rangbauwerk, das im einfachsten Fall auf einer Erdwallanlage errichtet ist, und gegebenenfalls einem Dach (geschlossen oder geteilt, fest oder beweglich). Große Stadien haben mehrere Ränge und Tribünen, auch diese mitunter verschiebbar.

Sie zeigen das jeweils technisch Mögliche: Neben Erdwallanlagen und Mauerwerksbauten gab und gibt es Bauten aus Stahlbeton, Schalen- und Spannbeton, Dächer mit Stabwerken, Ständerwerken, Stützen oder Seilnetz- und Ringseiltragwerken. Schon das Colosseum in Rom hatte einst einen ausfahrbaren Sonnenschutz, vermutlich aus Segeltuch. Heute geben Hülle und Dach den Stadien ihre Einzigartigkeit, machen aus dem Zweckbau ein Wahrzeichen.

Die Spielfelder sind in Europa zumeist auf Fußball ausgelegt, bei Mehrzweckeinrichtungen umgeben von einer Laufbahn und ergänzt durch Weit-/Hochsprunganlagen und anderes; in den USA sind Stadien für Baseball und American Football verbreitet, in Großbritannien oder Australien für Cricket. Zudem gibt es reine Tennis-, Pferderenn- oder Motorsportstadien. Entsprechend sind Anlagen nicht nur klassisch oval, sondern auch kreisförmig oder viereckig angelegt.

Ein- und Überblicke

3

3.1   Versammlungsort

Peter Sloterdijk betonte die *Kollektorfunktion* der Arena, des Stadions: Sie sind diejenigen Orte moderner Siedlungsräume, an denen sich häufig, gar regelmäßig Menschen in großer Zahl versammeln; das gilt sonst nur für Verkehrsmittel und -einrichtungen, Bildungseinrichtungen oder Arbeitsorte. Stadien leisten als Versammlungsorte weit mehr als öffentliche Plätze – doch das hat seinen Preis. Moderne Sportstätten haben insbesondere mehrfache Bedeutung:

- Sie sind wesentlich für den Spitzensport einschließlich Nachwuchsförderung, aber in vielen Fällen auch für die Förderung des Massensports.
- Sie dienen der Selbstdarstellung von Städten, Unternehmen, Sportvereinen sowie der sie nutzenden Bevölkerungsgruppen (Stichworte *Identifikation, Prestige*); das einzelne Ereignis wirkt denzufolge weit über den sportlichen Wettkampf, die reine Darbietung hinaus (Stichworte *Choreographie, Inszenierung*).
- Sie sind Teil wirkungsmächtiger Wirtschaftskreisläufe.
- Sie haben in zahlreichen Fällen als Bauwerk *Symbolcharakter*, sodass der Bau von Stadien im 20. Jahrhundert auch zur Leistungsschau der Architektur wurde.
- Sie entstehen oft im Rahmen städtebaulicher Aufwertungs- und Belebungsbemühungen (insbesondere bei Olympia-Bewerbungen), wobei das langfristige Gelingen nicht garantiert ist.

© Der/die Autor(en), exklusiv lizenziert an Springer Fachmedien Wiesbaden   13
GmbH, ein Teil von Springer Nature 2022
M. H. Kraus, *Die Arena - das Stadion,* essentials,
https://doi.org/10.1007/978-3-658-39922-1_3

Kult, Ritual, Tradition wirken immer noch. Doch jedes Bauwerk muss sein
Geld verdienen, das gelingt nur durch Mehrfachnutzungen, die zudem die Bin-
dung neuer Bevölkerungsgruppen versprechen. In den USA hat die Entwicklung
schon vor Jahrzehnten dazu geführt, dass Sportstätten (wie übrigens auch Kir-
chen einiger Glaubensgemeinschaften) zu Mehrzweck-Freizeiteinrichtungen mit
Restaurants, Einzelhandel und Kinderbetreuung wurden. Heute werden Stadien
für Konzerte und Papstmessen, Festtage oder Wahlkampfkundgebungen genutzt.
Hierzulande beliebt sind Tage der offenen Tür von Vereinen, Weihnachtssingen
und vieles mehr.

In Sachen *Marketing/Merchandizing/Sponsoring folgt* Europa der weltwei-
ten Entwicklung: Vermarktung bringt deutlich mehr Geld als der Verkauf der
Eintrittskarten oder gar die Mitgliedsbeiträge der Sportvereine. Die Benennung
großer Veranstaltungsstätten nach den wichtigen Sponsoren gehört hierzu. Mit
Massenveranstaltungen werden jährlich Milliarden an Euro, Dollar und anderen
Währungen umgesetzt. Beteiligt sind zahlreiche Unternehmen – vom weltweit
tätigen Konzern, der die Trikotwerbung eines bekannten Fußballvereins mit
15–25 Mio. Euro jährlich bezahlt, bis zum Gartenbauunternehmen, dass die
Grünflächen einer kleinstädtischen Freizeitanlage pflegt.

Bezahlt wird dies nicht nur von denjenigen, die regelmäßig freudig erregt in
die Stadien ziehen, sondern auch von anderen: Teuren Übertragungsrechte werden in mehreren Ländern aus Abgaben und Beiträgen der Allgemeinheit bezahlt,
der Bau von Sportstätten aus Steuermitteln gefördert. Auch in den USA wurden
in der Vergangenheit vor allem Baseball-Stadien gefördert (Fußball ist dort weniger wichtig), wenn es um das Prestige einer Stadt und ihres Vereins oder eines
gesamten Bundesstaats ging.

Sport ist heute überdies Gelegenheit zur Selbstdarstellung und Geschäftsan-
bahnung für die obere Mittelschicht. Freikarten für Führungskräfte und Plätze in
den VIP-Lounges sorgen dafür, dass Außenstehende (im wörtlichen Sinn) den
Unterschied auch bemerken. Ein Spiel zu besuchen, gehört für so manchen groß-
stadtbestaunenden Mittelständler auf die Liste, irgendwo zwischen Stadtrundfahrt,
Arbeitsessen und Opernbesuch.

Die Fußball-Weltmeisterschaft von 2006 bot der Allgemeinheit erstmals guten
Einblick in die neue deutsche Fußballwelt – die aber nur spiegelt, was anderswo
schon länger üblich ist. In diesem Fall wurde das Berliner Olympia-Stadion mit
der (zeitweiligen) Adidas-Arena am Reichstag sogar gedoppelt: Letztere bot aus-
gewählten Fernanwesenden die Möglichkeit, getrennt von den Fan-Meilen die
Übertragungen auf Großbildschirmen verfolgen. So wurden in diesen Tagen
die Bevölkerung nicht in fußballbegisterte und nicht-fußballgeneigte Gruppen
geschieden, sondern in solche mit Zugang und Beziehungen verschiedenen

Umfangs – und solche, die zur Masse gehörten. Selbst das gab es schon im alten Rom: Bestimmte Plätze waren bestimmten Gruppen der Stadtbevölkerung vorbehalten ...

3.2 Wettkampf und Unterhaltung

Das Stadion ist ein zweigeteilter Ort: Schöpferisches Handeln findet zunächst, wenn überhaupt, nur auf der Bühne oder dem Spielfeld statt. Der Bruch zwischen Ausübenden und Zuschauenden ist Sinn des Ganzen und im Baukörper angelegt. Die beobachtenden Anwesenden sollen unterstützend, aber ansonsten nicht-gestaltend teilnehmen. Das zeigt vor allem die *Interaktivität* moderner Medien als neue Erfindung und ist kein Werturteil: Massenveranstaltungen befriedigen in großen Teilen der Bevölkerung, und zwar über Grenzen, Kulturen und Zeiten hinweg, wesentliche menschliche Bedürfnisse – insbesondere nach Zugehörigkeit, Anerkennung, Sinn. Gemeinsame Erlebnisse gehören dazu.

Daraus ergeben sich wie in so vielen Lebensbereichen Fragen nach Macht und Verantwortung: Wer beeinflusst wen, mit welchen Mitteln, zu welchen Zwecken und mit welchen Folgen? Propaganda und Kommerz sind sehr gut vereinbar, nicht nur in Diktaturen. Sport und Musik vermitteln stets auch Botschaften und Leitbilder; Lebensgefühl beruht auf Wertvorstellungen und Glaubenssätzen. Das Stadion ist ein bauliches Gefäß, das gefüllt werden muss; die Füllung „besteht" aus Darbietung und Menschen: Es ist ganz folgerichtig, dass diese sich eher als *Objekte* denn als *Subjekte* verhalten müssen, um die sorgfältige und aufwendige Planung von Großereignissen nicht zu stören. Indem sie sich den jeweiligen Regeln unterwerfen, bekennen sie sich zu den vermittelten Werten.

Zusammensein in Gruppen und Massen kann ablenken, von Druck des Alltags befreien – für eine kurze Zeit, dann kehren alle wieder zurück in denselben. Bemerkenswert und für die meisten Arten moderner Freizeitgestaltung typisch, dass man dafür bezahlen muss, sich wohl zu fühlen (und sich dementsprechend ärgert, wenn es nicht klappt). Was sagt dies über eine Gesellschaft? Die Gegenrede ist hier oft, dass es so etwas wie Freizeit oder Selbstbestimmung überhaupt erst seit Beginn der Moderne gibt. Das stimmt jedoch nicht: Auch in früheren Gesellschaften strebten Menschen nach Glück; die Ausgangsbedingungen waren für die Einen dabei besser als für die Anderen. Das klingt vertraut. Die Grundbedürfnisse von Menschen haben sich seit Jahrtausenden nicht wesentlich geändert.

Dies zu verstehen heißt den Zusammenhang zwischen Massenveranstaltung und Massenbeeinflussung zu verstehen: Menschen werden im gemeinsamen,

begeisterten Erleben oft von der Menge mitgerissen. Sind die Anwesenden bereits
durch Ort und Menge beeindruckt, durch Erwartung gespannt, ist es mit etwas
Geschick leicht, sie auch durch Inhalte zu beeinflussen. Stadien als Bauwerke sollen beeindrucken. Den Erbauern der ersten griechischen Stadien war dies weniger
wichtig, hier ging es um den Wettkampf in Reinform. Den Erbauern von *Colosseum* und *Circus Maximus* ging es um das große Ganze; und daran hat sich seither
nichts mehr geändert. Das kann man mögen, muss es aber nicht. Der deutsche
Humorist *Karl Valentin* (*1882, †1948) hatte offenkundig ein eher gebrochenes
Verhältnis zu Massenaufläufen, wie sein *„Fußball-Länderkampf"* zeigt:

*„Große Tagesplakate kündigten einen großen Fußballkampf an. Ich hab noch nie einen
solchen gesehen. ... So was von Menschen hab ich noch nie gesehen, eine direkte
Völkerwanderung von der Stadt bis zum Fußballplatz. Wenn man bedenkt: wegen
einem Fußball 5.000 Autos, das ist kolossal. Am Sportplatz selbst eine Menschen-
masse von 50.000 Menschen, dazu 5.000 Autos gerechnet, also zusammen 55.000. Am
Fußballplatz angelangt, frug ich sofort einen Platzanweiser: 'Wo ist die Drehbühne?' –
'Drehbühne?' sagte er, 'gibt es hier nicht.' – 'Was?' sag ich, '50.000 Menschen und
keine Drehbühne? Sind Sie verrückt? Ich habe doch im Kartenvorverkauf eine Dreh-
bühnenkarte gekauft!' Ich wies meine Karte vor, der Irrtum wurde mir klar – es war
keine Drehbühnen-, sondern eine Tribünenkarte. Ich wälzte mich also zur Tribüne hin-
auf. ... Nachdem uns die Musik wiederum etwas geblasen hatte und das Fußballspiel
immer noch nicht begann, rief ich zum zweiten Mal aus Leibeskräften: 'Los!!' ... Nun
wurde es mir fast zu dumm, wir wollten gehen ... Sie staunen, weil ich wir sagte – wir
waren zu zweit, ich und mein Regenschirm. Um wieder auf den Fußball zu kommen, ich
vergesse nie den Anblick, wie auf dem riesigen Festplatz dieser kleine Fußball lag –
einsam und verlassen. Hätte ich Tränen dabei gehabt, hätte ich dieselben geweint. Auf
einmal – wir konnten es kaum erwarten – fing es endlich an ... zu regnen. Von diesem
Augenblick an war ich überzeugt, dass die Menschen vom Affen abstammen. Denn
wie bekannt, machen doch die Affen alles nach. Beim ersten Regentropfen öffnete ich
meinen Regenschirm, und siehe da – alle 45.000 Menschen machten es mir nach. Was
sagen Sie dazu? Hätte ich vielleicht meinen Regenschirm nicht aufgespannt, hättens
alle anderen auch nicht getan. Und alle 45.000 Menschen wären nass geworden bis
auf die Haut, die sich ja bei jedem Menschen unter den Kleidern befindet. Plötzlich ein
Fahnenschwenken, und das erste Fußballbataillon marschierte mit klingendem Spiel
auf das Spielfeld. Ich sprach zu meinem neben uns stehenden Freund: 'Nun geht's
los.' ... Und nun begann der Anfang. Es erschienen nun die Fußball-Lieblinge, die
vom Publikum vergötterten Fußballisten. Der Torwärter stand schon vor den Toren,
und die Musik spielte dazu 'Am Brunnen vor dem Tore'. Alles stand kampfbereit, aber
der Fußball stand noch immer allein und einsam in der Mitte. ... Das Spiel begann
nun – immer noch nicht und die Kapelle spielte dazu das alte Volkslied 'Es kann doch
nicht immer so bleiben'. ... Anschließend daran kam der Herr Amtsrichter – Verzei-
hung – Schiedsrichter, um seines Amtes zu walten. Er ging in die Mitte, pfiff und das
Spiel begann. ...“*

Doch schließlich wusste er Bescheid über Massen und ihre Wirkungen. Hinter-
und untergründig ist sein Beitrag zur Olympiade von 1936, zu der er sich zerstreut
verspätete (das Bild dazu zeigt ihn einsam auf einem Rang des leeren Stadions):

> *„Wie kam es, fragte ich mich selbst, dass ich zur Olympiade zu spät kam? – Ich blieb
> mir die Antwort nicht schuldig: Ihr Leichtsinn ist daran schuld! erscholl es von meinen
> Lippen (Ihr bedeutet ich selbst.) Denn aus Eigentrotz sage ich zu mir selbst nicht du,
> sondern Sie, weil man da vor sich selber viel mehr Respekt hat als mit der Duzerei. –
> Nur einen Tag zu spät und dennoch zu spät! – O Herr, bewahre mich bei der nächsten
> Olympiade 1940 vor solchen Etwaigitäten! – Trotzdem ich mich setzte, war es doch
> entsetzlich, als ich allein dasaß, in einer Hand die verfallene Eintrittskarte, die andere
> Hand in meiner eigenen Hosentasche. – Um mich herum saß nirgends niemand. – das
> große Schweigen ringsumher war still und lautlos. – Meine einzige Unterhaltung war
> das Warten. Zuerst wartete ich langsam, dann immer schneller und schneller, kein
> Anfang der Olympischen Spiele ließ sich erblicken – da endlich von mir ein schriller
> Blick, und meine Augen starrten hinunter zu dem Eingang bei der Kampffläche. ... Ich
> konnte heute leider zu meinem Bedauern nichts von den Olympischen Spielen erzählen,
> da ich ja nichts gesehen hatte – und alle lauschten umsonst."*

Sport ist selten Gegenstand von Dichtung; das mag an anderer Stelle hinter-
fragt werden. Stimmungen kann eben nur verstehen, wer bereit ist, sich auf sie
einzulassen. Entsprechende Versuche können krampfhaft geraten wie bei dem
DDR-staatstreuen Dichter *Johannes R. Becher* (*1891, †1951) in dem Gedicht
„Auf das Spiel einer Fußball-Mannschaft":

> *„In sich vollendet jeder, aber nie*
>
>   *Vergessend, dass ein jedes Einzelspiel*
>
>   *Nur einen Sinn hat und nur ein, ein Ziel:*
>
>   *Den Sieg des Ganzen – also spielen sie*
>
> *– ein nie Zuwenig und ein nie Zuviel -*
>
>   *Elfstimmig ihre kühne Melodie.*
>
>   *Ein Spiel zwar, aber ernsthaft, und gleichwie*
>
>   *Ein Bei-Spiel, zeigen sie uns ihren Stil.*
>
> *Die Stürmerreihe zieht das Feld entlang.*
>
>   *Wie abgelöst vom Boden und im Fluge,*
>
>   *Beflügelt von der ganzen Mannschaft Kraft.*

Ein Fußballspiel – und gleichfalls eine Fuge.

Zusammenhang wird zum Zusammenklang.

Der Sieg des Ganzen – aller Meisterschaft. "

Dagegen vermittelte vor über 50 Jahren der deutsch-österreichische Schriftsteller *Peter Handke* (*1942) einen zutiefst menschlichen Einblick in den Fußball
der damaligen Zeit: *„Die Angst des Tormanns beim Elfmeter".* Erfrischend albern
wiederum grübelte der deutsche Humorist *Otto Waalkes* (*1948) in dem vor gut
40 Jahren erschienenen *„Buch Otto":*

*„Die Frage: Wie kann man verhindern, dass bei internationalen Sportveranstaltungen
immer wieder wertvolle Sportler verlorengehen?*

*Das Problem: Der Sportler kommt in ein fremdes Stadion, umgeben von fremden
Menschen; er bekommt Angst – und läuft weg.*

*Das Beispiel: Emil Zatopek. Der ist während einer einzigen Olympiade dreimal
abgehauen! Einmal wurde er erst nach fünf Kilometern wieder eingefangen, das zweite
Mal nach zehn Kilometern, und das dritte Mal ist er sage und schreibe 42 km weit
gekommen!*

*Die Lösung: Es gibt nur einen Weg, die Sportler zu beruhigen. Man stellt sie auf
ein Treppchen, hängt ihnen Kettchen um und spielt ihnen Musik vor.*

*Der Fehler: Bisher hat man das immer erst hinterher gemacht, nachdem sie alle
weggelaufen waren.*

*Der Vorschlag: Man muss ihnen die Kettchen schon vorher schenken – dann kommt
keiner mehr auf die Idee wegzulaufen. Der Sportlerbestand wäre auf Jahrzehnte hinaus
gesichert, und das ganze Training hätte sich endlich gelohnt. "*

Der britische Schriftsteller *Nick Hornby* (*1957) beschrieb in *„Fever Pitch"* sein
bewegtes Leben mit dem Fußball. Und von dem US-amerikanischen Journalist
und Romancier *Tom Wolfe* (*1930, †2018) stammen diese lebendigen Eindrücke
aus den in den USA verbreiteten *Varsity Sports* der Hochschulen; hier ist es
Basketball in *„I am Charlotte Simmons":*

*„... she was spared responding to that dreary, tiresome query by the Charlies' Child-
ren's Alumni Band. The mauve blazers with yellow piping rose from their seats and
struck up with an old, old song by the Beatles called 'I Want to Hold Your Hand'. They
played it as if John Philip Sousa had composed it as marching music for a military band
with trumpets, tubas, a glockenspiel, and a big bass drum. The two teams had comple-
ted their warm-ups, and – bango! – the cheerleaders, the Chazzies, the acrobats, and
the Zulj twins sprouted up from out of the floor, and all was loud music, merry madness,*

and oooooo 'n'ahhhhhs. The Zulj boys were now juggling old-fashioned razors, blades unsheathed. If they didn't catch every razor by its mother-of-pearl handle – ooooo…ahhhhhh – upwards of fourteen thousand basketball fans felt as if they themselves were about to lose their fingers. This wasn't the circus's last cavort before the game began.

The ghost in the machine kept prattling away, but there was no possibility of paying attention to it now. In no time the circus disappeared into the floor, the musicians sat down, and there beneath the LumeNex lights, on an gleaming rectangle of honey-colored hardwood, the game was on.

A towering white boy with a skiff of blond hair on an otherwise shaved head seemed to take over that entire court of superb black athletes all by himself, commandeering both blackboards – he owned them, drinving into the holes for slam dunks – don't get into his way, and altering the behavior of UConn's big men – he demolished them like Samson or the Incredible Hulk.

Dupont had sprung to an 16–3 lead before UConn called timeout. The circus sprouted out of the floor, Charlie's Children rose up from their seats. Fannies shook, acrobatic girls did gainers in midair, the band's mighty brass wailed with greater fervor – and sheer loudness – than ever before. But the roar of the crowd drowned it out. From cliff to cliff and dome to floor, the cry rang out: Go go Jojo! … Go go Jojo! … Go go Jojo! … Go go Jojo!"

3.3 Nebenzwecke und Schattenseiten

Der britische Philosoph *Jeremy Bentham* (*1748, †1832) und später der französische Philosoph *Michel Foucault* (*1926, †1984) beschrieben das *Panoptikum* (griech. *pan-optikon*, alles sichtbar machend) – ein Bauwerk, dessen Teile von einem Punkt aus überschaut und überwacht werden können. Zu den gebauten Beispielen gehört die immer noch betriebene Untersuchungshaftanstalt Berlin-Moabit. Das Stadion ist ein *Anti-Panoptikum*: Beobachtet wird vom Rand (Abb. 3.1). Allerdings werden die Beobachtenden heutzutage selbst lückenlos beobachtet: *Videotechnik* (*Closed Circuit Television* CCTV) zeigt jeden Winkel; Funkortung von Eintrittskarten (*Radio Frequency Identification* RFID) ermöglicht, die Bewegung der Anwesenden zu verfolgen.

Dass die besondere Form eines Stadions ganz andere und keinesfalls erfreuliche Nutzungen ermöglicht, war auch in früheren Jahrhunderten nicht verborgen geblieben: Römische Amphitheater wurden im Mittelalter gelegentlich als Gefängnisse und Folterstätten genutzt, teils auch als Festungsbauwerke. Im vergangenen Jahrhundert fand dies eine Fortsetzung:

1939 wurden im Prater-Stadion in Wien mindestens 1000 jüdische Gefangene zur Überführung in das KZ Buchenwald gesammelt.

Abb. 3.1 Umkehrung der
Aufmerksamkeit:
Panoptikum und
Anti-Panoptikum

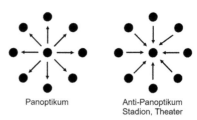

Panoptikum   Anti-Panoptikum
                    Stadion, Theater

1942 wurden im *Velodrome d'Hiver* von Paris von den Vichy-Behörden jüdische Gefangene zur Auslieferung an die deutsche Besatzungsmacht gefangengehalten.

1945 wurden im Prager Strahov-Stadion 10.000–15.000 deutschstämmige Gefangene gesammelt und teils misshandelt, bevor sie nach Deutschland abgeschoben wurden.

1973 wurden nach dem Putsch gegen die Regierung von Salvador Allende in Chile etwa 40.000 Menschen im Stadion von Santiago eingesperrt, in vielen Fällen gefoltert; mehrere Menschen wurden getötet oder „verschwanden". Auch das Maracana-Stadion in Rio de Janeiro diente unter Militärdikaturen zeitweilig als Gefangenenlager.

1991 wurden im Stadion von Bari Flüchtlinge aus Albanien gesammelt, um in ihr Ursprungsland zurückgebracht zu werden.

In China wurden Mitglieder der „Falun Gong"-Sekte zeitweilig in Stadien gefangen gehalten; zudem gab es öffentliche Hinrichtungen in Stadien, etwa wegen Bestechlichkeit oder Drogenhandel.

Im Stadion von Kabul fanden unter der ersten Taliban-Herrschaft Hinrichtungen und körperliche Bestrafungen statt.

Aus Syrien und Libyen wurde über die Folterung und Tötung von Menschen in Stadien während des Bürgerkriegs berichtet. In Syrien dienten der Regierung vor etwa zehn Jahren mindestens drei große Stadien in Damaskus, Latakia und Daraa als Gefangenenlager für etwa 30.000 Menschen.

Auch in einigen afrikanischen Stadien wie Ruanda oder Mauretanien gab es öffentliche Hinrichtungen und Bestrafungen in Stadien.

Sondernutzungen in Zeiten von Katastrophen gab es ebenso: So diente der *Superdome* in New Orleans 2005 nach dem Hurrikan „Katrina" zeitweilig etwa 20.000 Menschen als Notunterkunft. Es wurde von chaotischen Zuständen – Stromausfall mit anschließender Aufheizung des Bauwerks, Mangel an Trinkwasser, Lebensmitteln und Toiletten – sowie Straftaten berichtet. Auch andere Stadien wie der *Astrodome* in Houston wurden damals als Notunterkünfte genutzt.

Für Deutschland gibt es ein neueres Beispiel: 2022 wurde im Garmisch-Partenkirchener Stadion anlässlich des G7-Gipfels im Sommer eine Gefangenensammelstelle mit Arbeitsplätzen für Bereitschaftsrichter eröffnet; man rechnete mit gewaltsamen Protesten.

Massenpaniken und Todesfälle

4

Jede Massenveranstaltung erzeugt eigene *Risikopotentiale*. Ein Stadion ist immer eine geschlossene Bauform; sehr viele Menschen betreten und verlassen den Ort durch eine vergleichsweise geringe Zahl von Öffnungen im Baukörper. So forderten insbesondere Paniken in den letzten 100 Jahren immer wieder Todesopfer (die Liste ist nicht vollständig):

1902 starben 25 Menschen beim Einsturz einer Tribüne im Stadion von Glasgow/Schottland.

1946 starben 33 Menschen beim Einsturz einer Mauer im Stadion von Bolton/Großbritannien.

1947 starben 49 Menschen im Stadion von Kairo im Gedränge.

1964 starben im Nationalstadion von Peru 318 Menschen, als die Polizei bei einem Fußballspiel Aufruhr mit Tränengas zu bekämpfen versuchte. Im selben Jahr starben 24 Menschen in Jalapa/Mexiko und mehr als 300 Menschen in Lima/Peru aufgrund von Panik in Stadien.

1968 starben 73 Menschen im Stadion von Buenos Aires/Argentinien bei Auseinandersetzungen.

1969 starben 27 Menschen im Stadion von Bukavu/Kongo im Gedränge.

1971 starben 66 Menschen wiederum in Ibrox Park/Glasgow beim Einbruch eines Geländers.

1974 starben 48 Menschen beim Auseinandersetzungen im Stadion von Kairo/Ägypten.

1981 starben 80 Menschen bei einer Massenpanik im Stadion von Kathmandu/Nepal nach einer Panik aufgrund plötzlichen Starkregens.

1982 starben Dutzende Menschen im Lushniki-Stadion in Moskau im Gedränge.

1985 starben im Heysel-Stadion von Brüssel 41 Menschen und im Bradford City Stadium 56 Menschen bei Massenpaniken.

M. H. Kraus, *Die Arena - das Stadion*, essentials, https://doi.org/10.1007/978-3-658-39922-1_4

1989 starben im Hillsborough Stadium in Sheffield/England 96 Menschen durch eine Verkettung von Fehlern und Mängeln.

1991 starben im Stadion von Soweto/Südafrika etwa 400 Menschen bei einer Massenschlägerei.

1992 starben 20 Menschen beim Einsturz einer neugebauten Tribüne im Stadion von Bastia/Korsika durch Fußstampfen.

1996 starben mehr als 80 Menschen im Stadion Mateo Glores von Guatemala, nachdem eine Menschenmenge durch die Absperrungen drang.

2001 starben 127 Menschen im Accra Sports Stadium in Ghana bei einer Massenpanik.

Die meisten dieser Fälle führten zur Änderung von Gesetzen und Bauvorschriften. Gefährdungen bei Massenveranstaltungen entstehen vor allem durch

- Gewalthandlungen Einzelner oder kleiner Gruppen (von Aufruhr aufgrund des Spielverlaufs bis zu Anschlägen),
- Versuche von Gruppen, von draußen in verschlossene, überfüllte Veranstaltungsräume zu gelangen,
- Einstürze von Tribünen oder Barrieren,
- Brände in den Baukörpern, die Notausgänge verschließen oder durch Rauchentwicklung die Sicht behindern,
- Handlungen von Ordnungs- oder Sicherheitskräften, die von Betroffenen und Anwesenden als überzogen empfunden werden,

Unter Stress verhalten Menschen sich nicht zwingend umsichtig und vernünftig. So kann es geschehen, dass sie

- versuchen, den Weg zurückzuverfolgen, über den sie gekommen sind, statt die ausgewiesenen Notausgänge zu benutzen,
- einer beliebigen Gruppe folgen, ohne zu wissen, ob diese den Weg kennt,
- umkehren, um ein zurückgelassenes Kleidungsstück mitzunehmen oder Bekannte zu suchen, und dabei andere behindern,
- zögern, weil sie einen „falschen Alarm" vermuten, oder zunächst neugierig beobachten, was passiert,
- sich aufgrund von Rauchentwicklung nicht trauen, ihren Platz zu verlassen oder in die falsche Richtung laufen.

Besonders heikel sind Bombendrohungen im laufenden Betrieb. Die örtlichen Einsatzkräfte der Sicherheitsbehörden müssen fallweise entscheiden; nicht in

jedem Fall wird geräumt. Wenn geräumt wird, dann zumeist aus „Sicherheits-
gründen", um Reizworte wie „Bombe" oder „Gefahr" zu vermeiden. 2010 gelang
beispielsweise die Evakuierung von etwa 75.000 Menschen aus dem *Santiago-
Bernabéu-Stadion* von *Real Madrid* während des Spiels gegen den baskischen
Real Sociedad San Sebastián; die ETA hatte bereits 2002 einen Anschlag auf
das Stadion verübt. Fachleute sind sich heute übrigens einig, dass das *Colosseum*
in Rom auch in Sachen Evakuierung vorbildlich errichtet wurde: Da die zahlreichen Ausgänge durchdacht verteilt sind, ermöglichen sie 50.000 Menschen
grundsätzlich ein zügiges Verlassen des Gebäudes.

Abschluss

5

Stadien sind in der Moderne die Orte, an denen sich großen Zahlen von Menschen freiwillig versammeln. Das Durchführen von Veranstaltungen, und hier geht es vor allem um Sport und Musik, mündete über die letzte 150 Jahre in neue Wirtschaftszweige. Die Durchführung von Kongressen und Tagungen ist in diesem Zusammenhang ebenfalls zu nennen. So entstehen in städtischen Siedlungsräume wesentliche Umsätze für Hotellerie und Gastronomie. Die *Corona-Pandemie* hat diese Entwicklung lediglich verzögert; das Leben wird nicht dauerhaft in das Netz verlagert.

Mit den beginnenden gesellschaftlichen Umbrüchen in den westeuropäischen Gesellschaften vor etwa 50 Jahren entstand langsam ein Bewusstsein für die Vielfalt von Alltagskulturen. Das betraf auch den Sport, und hier vor allem den Fußball: Er war und ist die wohl breitenwirksamste Sportart und wirkt zweifellos verbindend in einer Gesellschaft. Doch über Jahrzehnte war Gewalt in Stadien nicht selten, ihr baulicher Zustand vielerorts mangelhaft. Die Verbreitung des Fernsehens und ganz allgemein neue Freizeitgewohnheiten förderten Veränderungen, die vor allem in den letzten 30 Jahren wirkten und heute auch unter den Stichworten *Privatisierung* und *Festivalisierung* von Siedlungsräumen untersucht werden. Mit der Nachfrage steigt die Verlockung: Öffentlichkeitswirksame, nachgefragte Sportarten erzeugen vielfältigen Erwartungsdruck. Zu den Schattenseiten gehören (wobei nicht alle Sportarten gleichermaßen betroffen sind) *Korruption* und *Doping*. Gleichzeitig wuchsen die Gewinnspannen der Beteiligten. Der Bau von Stadien ist heute eine eigene Architektursparte.

Fußball ist und bleibt in Europa eine besondere Sportart. Stadien sind daher auch besondere Orte, zumal sie wie beschrieben über das Ereignis hinaus ganz verschiedenen Zwecken dienen. Stadien sind keine öffentlichen Orte wie Plätze

M. H. Kraus, *Die Arena - das Stadion,* essentials, https://doi.org/10.1007/978-3-658-39922-1_5

und Parks; sie sind bestenfalls teil-öffentliche Orte wie Bildungs- oder Verkehrs-
einrichtungen: Sie stehen zu bestimmten Zeiten bestimmten Zielgruppen offen.
Das Hausrecht haben die jeweiligen Vereine und Veranstalter.

Die Entwicklungen der letzten Jahrzehnte einschließlich solcher Einflüsse
wie Marktgeschehen und Terrorgefahr haben zu einer hohen Überwachungs-
dichte in und um Stadien geführt. *Disziplinierung* und *Kontrolle* sind mit den
Regeln in Flughäfen oder manchen Arbeitsumgebungen vergleichbar. Der Anhang
enthält umfangreiche Auszüge aus derzeit geltenden Regelwerken über die Nutzung von (Fußball-)Stadien: Es geht um den Schutz der Gesundheit und des
Lebens der Anwesenden, aber auch um das Ansehen von Vereinen und Städten
sowie um Schutz und Mehrung erheblicher Vermögenswerte. Die heute geltenden Verhaltens- und Sicherheitsregeln beispielsweise für das Bildungs- oder
Gesundheitswesen, die beide weit mehr Menschen erfassen, sind längst nicht
so umfangreich. Und wäre nicht nur Fußball, sondern irgendeine andere Sportart so öffentlichkeitswirksam und damit umsatzträchtig, würden dort ähnlich
umfangreiche Regeln gelten. Dass Gewalt beim Fußball über Jahrzehnte vor
allem in Großbritannien und in Deutschland auftrat, ist nicht zu bestreiten. Über
Ursachen – und Gegenmaßnahmen jenseits von Strafverfolgung und Volkserzie-
hung – wurde und wird aber eher in (fachlichen umgrenzten) kleinen Kreisen
geredet. Es müsste nämlich die Frage von Macht- und Kräfteverhältnissen in der
Gesellschaft erörtert werden oder der Druck, der auf immer mehr Menschen in
allen Lebensbereichen lastet. Der Befund, dass in der Hooligan-Szene eben nicht
nur die Armen, Arbeitslosen, Benachteiligten unterwegs sind, hat vor 10–15 Jahren zu denken gegeben: (Innen-)Städte sauber und sicher zu gestalten ist nicht
falsch, bekämpft aber nicht die Ursachen.

Wie sich die Veranstaltungswirtschaft in den kommenden Jahren entwickelt,
bleibt abzuwarten. Tagungen und Kongresse wird es weiterhin geben; nicht alles
lässt sich über das Netz darstellen. Kultur und Sport sind unter den derzei-
tigen Bedingungen für immer größere Teile der Bevölkerung aber eine Frage
des verfügbaren Einkommens. Dass Vereine und ihre Spielstätten weiter eine
wichtige Rolle für viele Menschen spielen werden, dass es nach wie vor um
Familiengeschichten und Heimatbindungen gehen wird, ist gewiss (Abb. 5.1).

Abb. 5.1 Ich hier, ihr dort – so einfach ist es heute nicht mehr

Orte und Zahlen

Stadien gibt es in unterschiedlichen Größen, Bauausführungen und Erhaltungszuständen. Auf der Welt werden immer gerade welche neu- oder umgebaut. Somit folgen hier nur einige Beispiele.

Die Nutzungsdauern sind sehr unterschiedlich. Die *Arena di Verona* wird seit etwa 2000 Jahren instand gehalten und genutzt, wenn auch immer wieder zu anderen Zwecken. Das legendäre Londoner Wembley Stadium von 1923 wurde 2003 für einen Neubau abgetragen; das Berliner Olympia-Stadion wurde für die Olympiade von 1936 errichtet und für die Fußball-Weltmeisterschaft von 2006 ausgebaut. 70 oder 80 Jahre sind für Sportanlagen des 20. Jahrhunderts eine ansehnliche Zeit.

Die beiden größten Bauwerke sind der *Indianapolis Motor Speedway* (1909, Fassungsvermögen mit Stehplätzen im Innenbereich 250.000–300.000) und das *Strahov-Stadion*, eine Mehrzweckanlage mit verschiedenen Spiel- und Wettkampfbereichen in Prag (1937, 220.000). Beide werden nur noch teilweise genutzt. Das Maracana-Stadion in Rio de Janeiro fasste bei Eröffnung 1950 180.000–200.000 Menschen und wurde vor 30 Jahren verkleinert. Das Deutsche Stadion in Nürnberg sollte unter dem NS-Regime 400.000 Menschen auf bis zu 100 m hohen Rängen aufnehmen; es wurde kriegsbedingt nicht beendet. Zur Zeit der Französischen Revolution war ein Stadion für 300.000 Menschen geplant; es wurde nie errichtet. Etwa ein Dutzend Stadien hat 100.000–150.000 Plätze (es kursieren teils unterschiedliche Angaben):

- *Stadion Erster Mai*, Pjöngjang/Nordkorea (110.000–150.000), 1989, Mehrzweckanlage
- *Narendra Modi Stadium*, Ahmedabad/Indien (132.000), 2020, Cricket
- *Michigan Stadium*, Ann Arbor/USA (108.000), 1927, American Football
- *Beaver Stadium*, State College/USA (107.000), 1960, American Football

M. H. Kraus, *Die Arena - das Stadion,* essentials, https://doi.org/10.1007/978-3-658-39922-1_6

- *Ohio Stadium*, Columbus/USA (105.000), 1922, American Football
- *Kyle Field*, College Station/USA (103.000), 1927, American Football
- *Neyland Stadium*, Knoxville/USA (<103.000), 1921, American Football
- *Tiger Stadium*, Baton Rouge/USA (102.000), 1924, American Football
- *Darrel-K.-Royal Memorial Stadium*, Austin/USA (100.000), American Football
- *Bryant-Denny Stadium*, Tuscaloosa/USA (<102.000), 1929, American Football
- *Texas Memorial Stadium*, Austin/USA (100.000), 1924, American Football
- *Melbourne Cricket Ground*, Melbourne/Australien (100.000), 1853, Australian Football, Cricket
- *Lushniki-Stadion*, Moskau/Russland (100.000, später auf 81.000 verringert), 1956, Mehrzweckanlage

Etwa 120 Stadien weltweit haben zwischen 60.000 und 100.000 Plätzen; etwa 50 haben um 60.000 Plätze, was seit Jahrzehnten als Richtgröße gilt.

Die weltweite Anzahl aller Stadien, die aus einem Grundbauwerk (Wettkampf-/Spielflächen) und einem Tribünen-/Rangbauwerk mit oder ohne Überdachung bestehen, dürfte im mittleren vierstelligen Bereich liegen. Werden auch einfache Grundbauwerke, also in den Boden eingelassene oder durch Wälle eingefasste Sportanlagen einschließlich städtischer Sportplätze für die Allgemeinheit eingerechnet, dürfte die Zahl fünfstellig sein. Aufschluss könnten Satellitenfotos geben; entsprechende Erhebungen sind jedoch bisher nicht bekannt.

Schlussendlich folgt eine Übersicht der Entgelte, die der Öffentlich-rechtliche Rundfunk und diverse Medienkonzerne für Übertragungsrechte der Bundesliga-Spiele an die DFL gezahlt haben (Saison, Erwerber, Preis). Fußball ist die massenwirksamste Sportart in Deutschland, insofern geben die Zahlen ein Gefühl für die Größenordnung des Marktes. Die Zahlen sind auch ein (natürlich nicht das einzige) Maß für die gesellschaftliche Bedeutung und die Wirtschaftskraft, die sich wiederum im Aufwand zur Errichtung und zum Betrieb großer Stadien zeigt:

1965/66 – ARD/ZDF – 0,65 Mio. DM
1968/69 – ARD/ZDF – 1,68 Mio. DM
1970/71 – ARD/ZDF – 3 Mio. DM
1977/78 – ARD/ZDF – 5,38 Mio. DM
1983/84 – ARD/ZDF – 8 Mio. DM
1984/85 – ARD/ZDF – 10 Mio. DM
1988/89 – Ufa/RTL/ARD – 40 Mio. DM
1989/90 – Ufa/RTL/ARD – 45 Mio. DM
1990/91 – Ufa/ARD/RTL – 50 Mio. DM
1991/92 – ARD/RTL/Premiere – 80 Mio. DM

1992/93 – ISPR/SAT.1–145 Mio. DM
1994/95 – ISPR/SAT.1/Premiere/Ufa – 165 Mio. DM
1995/96 – ISPR/SAT.1/Premiere/Ufa – 165 Mio. DM
1996/97 – ISPR/SAT.1/Premiere/Ufa – 195 Mio. DM
1997/98 – ISPR/SAT.1/Premiere/Ufa – 255 Mio. DM
1998/99 – ISPR/SAT.1/Premiere/Ufa – 255 Mio. DM
1999/2000 – ISPR/SAT.1/Premiere/Ufa – 330 Mio. DM
2000/01 – KirchMedia/SAT.1/Premiere – 355 Mio. DM
2001/02 – KirchMedia/SAT.1/Premiere/Ufa – 355 Mio. DM
2002/03 – Infront/Sat1/Premiere – 278 Mio. EUR
2003/04 – Infront/ARD/Premiere – 290 EUR
2004/05 – Infront/ARD/Premiere – 300 Mio. EUR
2005/06 – ARD/Premiere – 300 Mio. EUR
2006/07 – ARD/Arena – 407 Mio. EUR
2007/08 – ARD/Premiere – 407 Mio. EUR
2008/09 – ARD/Premiere – 407 Mio. EUR
2009/10 – ARD/Sky – 390 Mio. EUR
2010/11 – ARD/Sky – 410 Mio. EUR
2011/12 – ARD/Sky – 425 Mio. EUR
2012/13 – ARD/Sky – 440 Mio. EUR
2013/14 – Sky/ARD/ZDF/Sport1/Axel Springer AG – 628 Mio. EUR
2014/15 – Sky/ARD/ZDF/Sport1/Axel Springer AG – 615 Mio. EUR (690 mit Ausland)
2015/16 – Sky/ARD/ZDF/Sport1/Axel Springer AG – 663 Mio. EUR (817 mit Ausland)
2016/17 – Sky/ARD/ZDF/Sport1/Axel Springer AG – 673 Mio. EUR (835 mit Ausland)
2017/18 – Sky/Eurosport/ARD/ZDF/Sport1/Amazon/Perform – 1,159 Mrd. Euro (1,5 mit Ausland) – insgesamt 4,64 Mio. bis 2020/21
2021/22 – Sky/DAZN/ARD/ZDF/Sport 1/Axel Springer AG/Sat1 – etwa 1,1 Mio. für jede Saison bis 2024/25
(Quelle: https://rp-online.de/sport/fussball/bundesliga/bundesliga-das-kosten-die-tv-rechte-seit-1965_iid-9198597#1).

Was Sie aus diesem *essential* mitnehmen können

- … *die Fähigkeit, ein Stadion anders als bisher zu wahrzunehmen.*
- … *die Neugier darauf, Stadien miteinander zu vergleichen.*
- … *Bauten in ihrem geschichtlichen Zusammenhang zu sehen.*

Anhang

Auszug aus der Musterverordnung über den Bau und Betrieb von Versammlungsstätten (2014)

Die Vorlage wurde von den Bundesländern teils verändert umgesetzt: Für Sitz- und Stehplätze gilt eine Flächendichte von 2 Anwesenden je m^2.

§ 6 Führung der Rettungswege

(1) Rettungswege müssen ins Freie zu öffentlichen Verkehrsflächen führen. Zu den Rettungswegen von Versammlungsstätten gehören insbesondere die frei zu haltenden Gänge und Stufengänge, die Ausgänge aus Versammlungsräumen, die notwendigen Flure und notwendigen Treppen, die Ausgänge ins Freie, die als Rettungsweg dienenden Balkone, Dachterrassen und Außentreppen sowie die Rettungswege im Freien auf dem Grundstück. (2) Versammlungsstätten müssen in jedem Geschoss mit Aufenthaltsräumen mindestens zwei voneinander unabhängige bauliche Rettungswege haben; dies gilt für Tribünen entsprechend. Die Führung beider Rettungswege innerhalb eines Geschosses durch einen gemeinsamen notwendigen Flur ist zulässig. Rettungswege dürfen über Balkone, Dachterrassen und Außentreppen auf das Grundstück führen, wenn sie im Brandfall sicher begehbar sind. (3) Rettungswege dürfen über Gänge und Treppen durch Foyers oder Hallen zu Ausgängen ins Freie geführt werden, soweit mindestens ein weiterer von dem Foyer oder der Halle unabhängiger baulicher Rettungsweg vorhanden ist. Foyers oder Hallen dürfen nicht als Raum zwischen notwendigen Treppenräumen und Ausgängen ins Freie ... dienen. (4) Versammlungsstätten müssen für Geschosse mit jeweils mehr als 800 Besucherplätzen nur diesen Geschossen zugeordnete Rettungswege haben.

§ 7 Bemessung der Rettungswege

(1) Die Entfernung von jedem Besucherplatz bis zum nächsten Ausgang aus dem Versammlungsraum oder darf nicht länger als 30 m sein. Bei mehr als 5 m lichter Höhe

M. H. Kraus, *Die Arena - das Stadion*, essentials, https://doi.org/10.1007/978-3-658-39922-1

ist je 2,5 m zusätzlicher lichter Höhe über der für Besucher zugänglichen Ebene für diesen Bereich eine Verlängerung der Entfernung um 5 m zulässig. Die Entfernung von 60 m bis zum nächsten Ausgang darf nicht überschritten werden. ... Die Sätze 1 bis 3 gelten für Tribünen außerhalb von Versammlungsräumen sinngemäß.

(4) Die Breite der Rettungswege ist nach der größtmöglichen Personenzahl zu bemessen. 2 Dabei muss die lichte Breite eines jeden Teils von Rettungswegen für die darauf angewiesenen Personen mindestens betragen bei 1. Versammlungsstätten im Freien sowie Sportstadien 1,20 m je 600 Personen ....

§ 10 Bestuhlung, Gänge und Stufengänge

(1) In Reihen angeordnete Sitzplätze müssen unverrückbar befestigt sein; werden nur vorübergehend Stühle aufgestellt, so sind sie in den einzelnen Reihen fest miteinander zu verbinden. ... (2) Die Sitzplatzbereiche der Tribünen von Versammlungsstätten mit mehr als 5 000 Besucherplätzen müssen unverrückbar befestigte Einzelsitze haben. (3) Sitzplätze müssen mindestens 0,50 m breit sein. Zwischen den Sitzplatzreihen muss eine lichte Durchgangsbreite von mindestens 0,40 m vorhanden sein. (4) Sitzplätze müssen in Blöcken von höchstens 30 Sitzplatzreihen angeordnet sein. Hinter und zwischen den Blöcken müssen Gänge mit einer Mindestbreite von 1,20 m vorhanden sein. Die Gänge müssen auf möglichst kurzem Weg zum Ausgang führen. (5) Seitlich eines Ganges dürfen höchstens zehn Sitzplätze, bei Versammlungsstätten im Freien und Sportstadien höchstens 20 Sitzplätze angeordnet sein. Zwischen zwei Seitengängen dürfen 20 Sitzplätze, bei Versammlungsstätten im Freien und Sportstadien höchstens 40 Sitzplätze angeordnet sein. ...

§ 11 Abschrankungen und Schutzvorrichtungen

(1) Flächen, die im Allgemeinen zum Begehen bestimmt sind und unmittelbar an tiefer liegende Flächen angrenzen, sind mit Abschrankungen zu umwehren, soweit sie nicht durch Stufengänge oder Rampen mit der tiefer liegenden Fläche verbunden sind. ... (2) Abschrankungen, wie Umwehrungen, Geländer, Wellenbrecher, Zäune, Absperrgitter oder Glaswände, müssen mindestens 1,10 m hoch sein. ... (3) Vor Sitzplatzreihen genügen Umwehrungen von 0,90 m Höhe; bei mindestens 0,20 m Brüstungsbreite der Umwehrung genügen 0,80 m; bei mindestens 0,50 m Brüstungsbreite genügen 0,70 m. Liegt die Stufenreihe nicht mehr als 1 m über dem Fußboden der davor liegenden Stufenreihe oder des Versammlungsraumes, genügen vor Sitzplatzreihen 0,65 m. (4) Abschrankungen in den für Besucher zugänglichen Bereichen müssen so bemessen sein, dass sie dem Druck einer Personengruppe standhalten. (5) Die Fußböden und Stufen von Tribünen, Podien, Bühnen oder Szenenflächen dürfen keine Öffnungen haben, durch die Personen abstürzen können. (6) Spielfelder,

Manegen, Fahrbahnen für den Rennsport und Reitbahnen müssen durch Abschran-
kungen, Netze oder andere Vorrichtungen so gesichert sein, dass Besucher durch
die Darbietung oder den Betrieb des Spielfeldes, der Manege oder der Bahn nicht
gefährdet werden. ...

§ 27 Abschrankung und Blockbildung in Sportstadien mit mehr als 10 000
Besucherplätzen

(1) Die Besucherplätze müssen vom Innenbereich durch mindestens 2,20 m hohe
Abschrankungen abgetrennt sein. In diesen Abschrankungen sind den Stufengängen
zugeordnete, mindestens 1,80 m breite Tore anzuordnen, die sich im Gefahrenfall
leicht zum Innenbereich hin öffnen lassen. ... (2) Stehplätze müssen in Blöcken für
höchstens 2 500 Besucher angeordnet werden, die durch mindestens 2,20 m hohe
Abschrankungen mit eigenen Zugängen abgetrennt sind. ...

§ 28 Wellenbrecher

Werden mehr als fünf Stufen von Stehplatzreihen hintereinander angeordnet, so ist
vor der vordersten Stufe eine durchgehende Schranke von 1,10 m Höhe anzuordnen.
Nach jeweils fünf weiteren Stufen sind Schranken gleicher Höhe (Wellenbrecher)
anzubringen, die einzeln mindestens 3 m und höchstens 5,50 m lang sind. Die seit-
lichen Abstände zwischen den Wellenbrechern dürfen nicht mehr als 5 m betragen.
Die Abstände sind nach höchstens fünf Stehplatzreihen durch versetzt angeordnete
Wellenbrecher zu überdecken, die auf beiden Seiten mindestens 0,25 m länger sein
müssen als die seitlichen Abstände zwischen den Wellenbrechern. Die Wellenbrecher
sind im Bereich der Stufenvorderkante anzuordnen.

§ 29 Abschrankung von Stehplätzen vor Szenenflächen

(1) Werden vor Szenenflächen Stehplätze für Besucher angeordnet, so sind die Besu-
cherplätze von der Szenenfläche durch eine Abschrankung so abzutrennen, dass
zwischen der Szenenfläche und der Abschrankung ein Gang von mindestens 2 m
Breite für den Ordnungsdienst und Rettungskräfte vorhanden ist. (2) Werden vor
Szenenflächen mehr als 5 000 Stehplätze für Besucher angeordnet, so sind durch
mindestens zwei weitere Abschrankungen vor der Szenenfläche nur von den Seiten
zugängliche Stehplatzbereiche zu bilden. Die Abschrankungen müssen voneinander
an den Seiten einen Abstand von jeweils mindestens 5 m und über die Breite der
Szenenfläche einen Abstand von mindestens 10 m haben.

§ 30 Einfriedungen und Eingänge

(1) Stadionanlagen müssen eine mindestens 2,20 m hohe Einfriedung haben, die
das Überklettern erschwert. (2) Vor den Eingängen sind Geländer so anzuordnen,

dass Besucher nur einzeln und hintereinander Einlass finden. Es sind Einrichtungen für Zugangskontrollen sowie für die Durchsuchung von Personen und Sachen vorzusehen. Für die Einsatzkräfte von Polizei, Feuerwehr und Rettungsdiensten sind von den Besuchereingängen getrennte Eingänge anzuordnen. (3) Für Einsatz- und Rettungsfahrzeuge müssen besondere Zufahrten, Aufstell- und Bewegungsflächen vorhanden sein. Von den Zufahrten und Aufstellflächen aus müssen die Eingänge der Versammlungsstätten unmittelbar erreichbar sein. Für Einsatz- und Rettungsfahrzeuge muss eine Zufahrt zum Innenbereich vorhanden sein. Die Zufahrten, Aufstell- und Bewegungsflächen müssen gekennzeichnet sein.

Auszug aus den DFB-Richtlinien zur Verbesserung der Sicherheit bei Bundesspielen (2018)
Die Richtlinien enthalten in den ersten Abschnitten ausführliche Vorgaben für die baulichen Gegebenheiten, die aus nachvollziehbaren Gründen ausführlicher sind als die Musterverordnung, die sich nicht nur auf Fußball-Spielstätten bezeiht. Weitere Einzelheiten sind im „Regelwerk für Stadien und Sicherheit des DFB (2021) aufgeführt.

§ 22 Kontrollen

1. *Zur Sicherstellung eines störungsfreien Spielablaufs, zur Verhinderung von Gefahren für die Zuschauer, Spieler und Schiedsrichter sind an den Zu- und Abgängen, den Zu- und Abfahrten der äußeren und inneren Umfriedung der Platzanlage sowie an den sonstigen Zugängen nicht allgemein zugänglicher Bereiche lageabhängig Kontrollen der Besucher und der von ihnen mitgeführten Gegenstände durchzuführen. Die Kontrolleinrichtungen müssen so beschaffen sein, dass Kontrollen sicher, zügig und angemessen, insbesondere verhältnismäßig und sorgfältig, durchgeführt werden können.*
2. *Die Kontrollen umfassen*
   - *die Feststellung der Zutrittsberechtigung,*
   - *die Feststellung des Zustandes der Person darüber, ob sie alkoholisiert ist oder dem Einfluss anderer Mittel unterliegt, sodass sie mit hoher Wahrscheinlichkeit nicht mehr vernunftgemäß ihren Willen betätigen kann,*
   - *die Durchsuchung der Person (Kleider/Taschen/Rucksäcke etc.) im Hinblick auf das Mitführen von Waffen, gefährlichen Gegenständen, Feuerwerkskörpern, Leuchtkugeln und anderen pyrotechnischen Gegenständen, ... die nach den Bestimmungen der allgemeinen Gesetze und der jeweils geltenden Stadionordnung ... nicht mitgeführt werden dürfen, alkoholischen Getränken und*

anderer berauschender Mittel, Gegenständen, die dazu bestimmt sind, die Feststellung der Identität einer Person zu verhindern.

3. *Personen, die nicht bereit sind, sich einer Kontrolle oder einer Durchsuchung zu unterziehen, ist der Zutritt zur Platzanlage zu untersagen. Zwangsweise Durchsuchungen durch den Ordnungsdienst sind unzulässig.*

4. *Werden Gegenstände festgestellt, die ... nicht mitgeführt werden dürfen, so sind sie der Polizei zu übergeben oder zwischenzulagern. Liegt erkennbar eine Straftat vor, darf der Betroffene durch den Kontrollierenden bis zur Übergabe an die Polizei festgehalten werden ...; die Übergabe ist unverzüglich durchzuführen.* Soweit Betroffene ihr Eigentums- und Besitzrecht an den Gegenständen aufgeben und diese nicht aus strafrechtlichen Gründen der Polizei übergeben werden müssen, sind sie bis zu ihrer Vernichtung gegen Zugriff durch Dritte gesichert zu verwahren.

5. *Werden bei den Kontrollen Personen festgestellt, die alkoholisiert sind oder dem Einfluss anderer Mittel unterliegen, sodass sie mit hoher Wahrscheinlichkeit nicht mehr vernunftgemäß ihren Willen betätigen können, so ist ihnen der Zutritt zur Platzanlage zu verwehren.*

6. *Bei Einzel-Kontrollmaßnahmen gegenüber Gästeanhängern, die in umschlossenen Räumen oder auf nicht einsehbaren, umschlossenen Flächen durchgeführt werden, muss der Heimverein auf Verlangen des Sicherheitsbeauftragten des Gastvereins die Möglichkeit einräumen, dass entweder dieser selbst oder ein durch ihn zu benennender offizieller Vertreter des Gastvereins den jeweiligen Kontrollen als Beobachter beiwohnen kann, sofern die zu kontrollierende Person ihr Einverständnis hierzu erklärt.*

§ 26 Ordnungsdienst
9. Aufgaben des Ordnungsdienstes
Der Ordnungsdienst hat auf der Platzanlage insbesondere folgende Aufgaben wahrzunehmen:

a) *Durchführung von Kontroll- und Streifentätigkeiten*
   aa) *Zugangs- und Zufahrtskontrollen an der äußeren und inneren Umfriedung des Stadions sowie – wenn besonders angeordnet – an bestimmten Zugängen der Zuschauerbereiche und an nicht allgemein zugänglichen Bereichen mit dem Ziel, das Eindringen Unberechtigter und gefährdender Personen sowie das Einbringen nicht erlaubter Gegenstände zu verhindern, insbesondere durch:*
      Prüfung der Zugangsberechtigung ...;

Anforderungsspezifische Durchsuchung der Bekleidung und der mitgeführten Behältnisse der Personen auf das Mitführen unerlaubter Waffen, gefährlicher Werkzeuge, pyrotechnischer Gegenstände, Drogen, Alkoholika etc.;

Zurückweisen der Personen, die nicht bereit sind, sich einer Kontrolle ihrer Zugangsberechtigung und Durchsuchung zu unterziehen und/oder aufgrund ihres Verhaltens erkennbar eine Gefahr für die Sicherheit im Stadion bedeuten;

Entgegennahme, Lagern und gegebenenfalls Wiederaushändigen von Gegenständen, die nach rechtlichen Vorschriften oder nach der Stadionordnung nicht mitgeführt werden dürfen, soweit sie nicht der Polizei zu übergeben sind;

Durchgängige Anwesenheit und Kontrolle an den Zugängen bestimmter Zuschauerbereiche, insbesondere zur Verhinderung des Überschreitens der zulässigen Kapazität sowie des Einbringens verbotener Waffen, gefährlicher Werkzeuge ..., wenn dies besonders angeordnet worden ist.

bb) *Bestreifung besonderer Bereiche, insbesondere der Zaunanlagen, zur Verhinderung des verbotenen Eindringens und der Ablage unerlaubter Gegenstände bzw. deren Wiederaufnahme.*

b) *Durchführung von Schutzmaßnahmen ...*

Schutz gefährdeter Personen, soweit dies nicht der Polizei vorbehalten ist;

Schutz der Schiedsrichter und der Mannschaften sowie deren unmittelbaren Begleitpersonals bei allen Aufenthalten und Bewegungen innerhalb der Platzanlage;

Verhindern des Überwechselns von Zuschauern in einen Block, für den sie keine Eintrittskarte vorweisen können;

Durchsetzung und Sicherung festgelegter Blocktrennungen und -pufferungen;

Freihalten der Auf- und Abgänge in den Zuschauerbereichen sowie der Rettungswege;

Besetzen der Zugänge, Ausgänge und insbesondere der Rettungs- bzw. Fluchttore grundsätzlich von der Öffnung bis zur Schließung der Platzanlage;

Verhindern des unberechtigten Eindringens von Stadionbesuchern, insbesondere in den Stadioninnenraum, und soweit dies erfolgt sein sollte, Entfernung der Person. ...

§ 32 Spiele mit erhöhtem Risiko/Spiele unter Beobachtung

1. *Spiele mit erhöhtem Risiko*

   a) *Spiele mit erhöhtem Risiko sind Spiele, bei denen aufgrund allgemeiner Erfahrung oder aktueller Erkenntnisse die hinreichende Wahrscheinlichkeit besteht, dass eine besondere Gefahrenlage eintreten wird.*

   b) *Die Feststellung, dass ein Spiel mit erhöhtem Risiko gegeben ist, obliegt in erster Linie dem Heimverein, der die Entscheidung frühestmöglich nach Anhörung der Sicherheitsorgane – insbesondere des Einsatzleiters der Polizei – zu treffen hat. Die Vereine sind verpflichtet, ihre Entscheidung dem DFB unverzüglich mitzuteilen. Dasselbe gilt, wenn einer entsprechenden Anregung des Gastvereins oder der Sicherheitsorgane nicht entsprochen wurde. Die DFB-Zentralverwaltung ist berechtigt, aufgrund eigener Erkenntnisse ein Spiel als „Spiel mit erhöhtem Risiko" einzustufen.*

   c) *Bei Spielen mit erhöhtem Risiko sind die allgemeinen Sicherheitsmaßnahmen mit besonderer Sorgfalt durchzuführen. Die DFB-Zentralverwaltung kann eine Sicherheitsaufsicht anordnen.*

   d) *Darüber hinaus sind folgende Maßnahmen zu erwägen:*
   Begrenzung des Verkaufs der Eintrittskarten sowohl für Steh- als auch Sitzplatzbereiche;
   strikte Trennung der Anhänger in den Zuschauerbereichen durch Zuweisung von Plätzen entgegen dem Aufdruck auf den Eintrittskarten (zwangsweise Kanalisierung),
   Einrichten und Freihalten sogenannte „Pufferblöcke" (Freiblöcke zwischen gefährdeten Zuschauerbereichen),
   Verstärkung des Ordnungsdienstes, insbesondere an den Zu- und Ausgängen der Zuschauerbereiche, im Innenraum der Platzanlage und zwischen den Anhängern verfeindeter Zuschauergruppen;
   Durchführung von verstärkten Personenkontrollen;
   striktes Freihalten der Auf- und Abgänge in den Zuschauerbereichen;
   Bewachung der Platzanlage mindestens in der Nacht vor der Veranstaltung;
   rechtzeitige Information der Zuschauer über den „Ausverkauf" eines Spiels;
   Begleitung der Gästefans durch Ordner des Gastvereins; ...
   Verbot des Verkaufs und der öffentlichen Abgabe von alkoholischen Getränken.

Der Heimverein hat gegenüber DFB und DFL rechtzeitig vor dem Spiel schriftlich darzulegen, aus welchen Gründen Maßnahmen durchgeführt werden sollen.

2. Spiele unter Beobachtung

   a) *Spiele unter Beobachtung sind Spiele, bei denen die Voraussetzungen für ein Spiel mit erhöhtem Risiko nicht vorliegen, bei denen aufgrund allgemeiner Erkenntnisse sowie Verhaltensweisen der Zuschauer in der Vergangenheit Sicherheitsbeeinträchtigungen jedoch nicht ausgeschlossen sind.*

   b) *Zur Beobachtung dieser Spiele kann die DFB-Zentralverwaltung eine Sicherheitsaufsicht anordnen. ...*

Auszug aus den DFB-Richtlinien zur einheitlichen Behandlung von Stadionverboten (2014)

§ 1 Definition, Zweck und Wirksamkeit des Stadionverbots

(1) *Ein Stadionverbot ist die auf der Basis des Hausrechts gegen eine natürliche Person wegen in einer die Menschenwürde verletzenden Art und Weise oder sicherheitsbeeinträchtigenden Auftretens im Zusammenhang mit dem Fußballsport, insbesondere anlässlich einer Fußballveranstaltung,*
   – *innerhalb oder außerhalb einer Platz- oder Hallenanlage*
   – *vor, während oder nach der Fußballveranstaltung festgesetzte Untersagung bei vergleichbaren zukünftigen Veranstaltungen eine Platz- oder Hallenanlage zu betreten bzw. sich dort aufzuhalten.*

(2) *Zweck des Stadionverbots ist es, zukünftiges sicherheitsbeeinträchtigendes Verhalten zu vermeiden und den Betroffenen zur Friedfertigkeit anzuhalten, um die Sicherheit anlässlich von Fußballveranstaltungen zu gewährleisten. Das Stadionverbot selbst stellt eine präventive Maßnahme zur Gefahrenabwehr der für die Sicherheit der Veranstaltung Verantwortlichen dar. Das Stadionverbot ist daher keine staatliche Sanktion auf ein strafrechtlich relevantes Verhalten, sondern eine Präventivmaßnahme auf zivilrechtlicher Grundlage. ...*

(4) *Das Stadionverbot kann als örtliches ... oder als überörtliches (nachfolgend: bundesweit wirksames) Stadionverbot ... ausgesprochen werden. Das örtliche Stadionverbot erstreckt sich grundsätzlich nur auf den befriedeten Bereich der Platz- oder Hallenanlage, in der das Hausrecht des das Stadionverbot Festsetzenden ausgeübt wird. Das bundesweit wirksame Stadionverbot kann auch für den Bereich anderer Platz- oder Hallenanlagen festgesetzt werden. Die Vereine und der DFB bevollmächtigen sich hierzu durch eine gesonderte Erklärung gegenseitig. ...*

(5) *Das Hausrecht schließt unter anderem die Befugnis ein, das Betreten der gesamten oder bestimmter Teile der Platz- oder Hallenanlage bzw. den dortigen Aufenthalt zu untersagen.*

(6) *Die Wirksamkeit des Stadionverbots wird nicht durch den Erwerb einer Eintrittskarte oder den Besitz eines anderen Berechtigungsnachweises aufgehoben.*

§ 2 Grundsätzliche Zuständigkeiten für ein Stadionverbot

(1) *Die Festsetzung, Aufhebung, Aussetzung oder Reduzierung eines Stadionverbots steht grundsätzlich nur dem Eigentümer bzw. Besitzer der Platz- bzw. Hallenanlage ... zu.*

(2) *Sind der Verein, DFB oder Ligaverband nicht originärer Hausrechtsinhaber, sorgen sie dafür, dass ihnen das Hausrecht anlassbezogen schriftlich übertragen wird. ...*

§ 3 Institutionelle Zuständigkeit zur Festsetzung, Aufhebung, Aussetzung oder Reduzierung eines Stadionverbots, Stellung eines Strafantrags

(1) *Die Festsetzung, Aufhebung, Aussetzung oder Reduzierung eines Stadionverbots obliegt*
1. *dem Verein, in dessen Bereich das sicherheitsbeeinträchtigende Ereignis eingetreten ist .... Als Bereich, in dem das die Menschenwürde verletzende oder sicherheitsbeeinträchtigende Ereignis eingetreten ist, gelten*
   die Platz- oder Hallenanlage,
   außerhalb der Platz- oder Hallenanlage das Gebiet der Kommune, in der der Verein seinen Sitz hat;
2. *dem Verein, der eine Reise zu einer Fußballveranstaltung organisiert und betreut, wenn die Fans ein die Menschenwürde verletzendes oder sicherheitsbeeinträchtigendes Ereignis auslösen, ...;*
3. *dem DFB*
   als Veranstalter,
   beim DFB-Pokalfinale, ...,
4. *dem Ligaverband*
   als Veranstalter, ...

(2) *Die Befugnisse ... können vom DFB oder Ligaverband in geeigneten Fällen, insbesondere wenn eine Sachnähe zum die Menschenwürde verletzenden oder sicherheitsbeeinträchtigenden Ereignis besteht, auf einen Verein mit dessen Zustimmung übertragen werden; die Rückübertragung ist entsprechend möglich. Dies ist dem Betroffenen jeweils mitzuteilen. ... Gleichermaßen können*

unter den vorgenannten Voraussetzungen die Befugnisse ... auch auf einen Verein mit dessen Zustimmung übertragen werden, sofern hierfür die Zustimmung des DFB vorliegt.

(3) *Die Vereine, der DFB und der Ligaverband verpflichten sich, bei Hausrechtsverletzungen*

(§§ 123, 124 StGB – Hausfriedensbruch) grundsätzlich Strafantrag zu stellen. ...

§ 4 Adressat, Fälle des Stadionverbots

(1) *Ein Stadionverbot ist gegen eine Person zu verhängen, die im Zusammenhang mit dem Fußballsport, insbesondere anlässlich einer Fußballveranstaltung der Lizenzligen, der 3. Liga oder der 4. Spielklassenebene, des DFB oder Ligaverbandes oder eines Spiels eines internationalen Wettbewerbs, das dem DFB, dem Ligaverband oder einem Verein zur Ausrichtung übertragen wurde, in einem oder mehreren der im Folgenden aufgeführten Fälle innerhalb oder außerhalb einer Platz- bzw. Hallenanlage in einer die Menschenwürde verletzenden Art und Weise oder sicherheitsbeeinträchtigend aufgetreten ist.*

(2) *Ein örtliches Stadionverbot soll bei Verstößen gegen die Stadionordnung ausgesprochen werden (minderschwerer Fall), soweit diese nicht mit Verstößen nach Absatz 3 in Verbindung stehen oder der Betroffene bisher nicht wiederholt in einer die Menschenwürde verletzenden Art und Weise oder sicherheitsbeeinträchtigend aufgefallen ist.*

(3) *Ein bundesweit wirksames Stadionverbot soll ausgesprochen werden bei eingeleiteten Ermittlungs- oder sonstigen Verfahren, insbesondere in folgenden Fällen (schwerer Fall):*

1. *Straftaten unter Anwendung von Gewalt gegen*
   1.1 *Leib oder Leben,*
   1.2 *fremde Sachen mit der Folge eines nicht unerheblichen Schadens,*
2. *Gefährliche Eingriffe in den Verkehr (§ 315 ff. StGB),*
3. *Störung öffentlicher Betriebe (§ 316b StGB),*
4. *Nötigung (§ 240 StGB),*
5. *Verstöße gegen das Waffengesetz,*
6. *Verstöße gegen das Sprengstoffgesetz,*
7. *Landfriedensbruch (§§ 125, 125a, 126 (1) Nr. 1 StGB),*
8. *Hausfriedensbruch (§§ 123, 124 StGB),*
9. *Gefangenenbefreiung (§ 120 StGB),*
10. *Raub- und Diebstahldelikte (§§ 242 ff., 249 ff. StGB),*
11. *Missbrauch von Notrufeinrichtungen (§ 145 StGB),*

12. *Handlungen nach § 27 Versammlungsgesetz,*
13. *Rechtsextremistische Handlungen, insbesondere das Zeigen und Verwenden nationalsozialistischer Parolen, Embleme (§ 86a StGB), Verstöße gegen das Uniformverbot (§ 3 Versammlungsgesetz) und Beleidigungen (§ 185 StGB) aus rassistischen bzw. fremdenfeindlichen Motiven,*
14. *Einbringen und/oder Abbrennen von pyrotechnischen Gegenständen,*
15. *sonstige schwere Straftaten im Zusammenhang mit Fußballveranstaltungen.*

(4) *Ein bundesweit wirksames Stadionverbot soll ferner ausgesprochen werden, ohne dass ein Ermittlungs- oder sonstiges Verfahren eingeleitet wurde,*

16. *bei Ingewahrsamnahmen oder schriftlich belegten Platzverweisen, wenn hinreichende Tatsachen vorliegen, die die Annahme rechtfertigen, dass der Betroffene Taten ... begangen hat odern begehen wollte,*
17. *bei Sicherstellung bzw. Beschlagnahmung von Waffen oder anderen gefährlichen Gegenständen, die der Betroffene in der Absicht mitführte, Straftaten zu begehen, ...,*
18. *bei Handlungen/Verhaltensweisen, die die Menschenwürde einer anderen Person in Bezug auf Rasse, Hautfarbe, Sprache, Religion, Geschlecht oder Herkunft verletzen, insbesondere durch herabwürdigende, diskriminierende, verunglimpfende Äußerungen oder entsprechende Aufschriften auf Transparenten ...,*
19. *bei der aktiven Unterstützung beim Einbringen und/oder Abbrennen von pyrotechnischen Gegenständen,*
20. *bei schwerwiegenden Verstößen gegen die Stadionordnung,*
21. *bei nachgewiesenem wiederholtem sicherheitsbeeinträchtigendem Verhalten.*

(5) *Ein bundesweit wirksames Stadionverbot kann ... auch ausgesprochen werden, wenn der Betroffene entsprechend im Ausland aufgetreten ist.*

§ 5 Festsetzung und Dauer des Stadionverbots

(1) *Die Festsetzung eines Stadionverbots soll im Hinblick auf die Zwecksetzung ... möglichst zeitnah zu der die Menschenwürde verletzenden oder sicherheitsbeeinträchtigenden Handlung des Betroffenen und in der Regel zu dem Zeitpunkt erfolgen, zu welchem dem Hausrechtsinhaber die Einleitung eines Ermittlungsverfahrens bzw. die Durchführung eines sonstigen Verfahrens oder das Vorliegen eines ausreichenden Verdachts der Verwirklichung eines Tatbestandes ... bekannt wird.*

(2) *Die Dauer des Stadionverbots beträgt mindestens eine Woche und höchstens die ... genannten Zeiträume. Bei der Bemessung ... soll die festsetzende Stelle Folgendes berücksichtigen*
   - *die Schwere des Falls ...,*
   - *die Folgen der dem Betroffenen zur Last gelegten Handlungen ...,*
   - *das Alter des Betroffenen (Jugendlicher, Heranwachsender oder Erwachsener)*
   - *etwaige Erkenntnisse über die Einsicht des Betroffenen und seine Reue,*
   - *etwaige Erkenntnisse über vorherige Verfehlungen des Betroffenen,*
   - *eine etwaige Stellungnahme des Bezugsvereins.*

(3) *Die Dauer des Stadionverbots umfasst höchstens folgende Zeiträume*
   - *in einem minderschweren Fall ... bis zu 12 Monate,*
   - *in einem schweren Fall ... bis zu 24 Monate,*
   - *in einem besonders schweren Fall ... bis zu 36 Monate, ...,*
   - *in einem wiederholten schweren/wiederholten besonders schweren Fall ... bis zu 60 Monate. Ein wiederholter schwerer/wiederholter besonders schwerer Fall liegt vor, wenn gegen den Betroffenen zum Zeitpunkt des Vorfalls bereits ein bestehendes Stadionverbot ... aufgrund eines schweren und/oder besonders schweren Falls vorliegt und er erneut entsprechend auffällig geworden ist.*

(4) *Befindet sich der Betroffene in Haft, tritt das Stadionverbot erst ab der Haftentlassung in Kraft.*

(5) *Mit Ablauf der festgesetzten Dauer erlischt das Stadionverbot.*

§ 6 Stellungnahme

(1) *Vor der Festsetzung des Stadionverbots soll dem Betroffenen die Gelegenheit zur Stellungnahme gegeben werden. Die Stellungnahme hat grundsätzlich schriftlich innerhalb einer Frist von zwei Wochen nach Zugang der entsprechenden Information, dass die Verhängung eines Stadionverbots beabsichtigt ist, zu erfolgen. ... Eine fristgerecht eingegangene Stellungnahme ist bei der Festsetzung des Stadionverbots zu berücksichtigen.*

(2) *Ist das Stadionverbot ohne Stellungnahme ergangen, kann der Betroffene diese nachträglich abgeben. Auf diese Möglichkeit ist der Betroffene hinzuweisen. Die Stellungnahme soll schriftlich und möglichst innerhalb einer Frist von zwei Wochen ab Zugang des Stadionverbots geschehen.*

(3) *Darüber hinaus können vor der Festsetzung, Aufhebung, Aussetzung oder Reduzierung des Stadionverbots weitere Informationen eingeholt werden. Insbesondere soll mit Einverständnis des Betroffenen der etwaige Bezugsverein um eine Stellungnahme ersucht werden.*

§ 7 Aufhebung, Aussetzung oder Reduzierung des Stadionverbots

(1) *Das Stadionverbot ist ... aufzuheben, wenn der Betroffene nachweist, dass*
  – *das dem Stadionverbot ausschließlich zugrunde liegende Ermittlungsverfahren ... eingestellt worden ist,*
  – *er in dem dem Stadionverbot ausschließlich zugrunde liegenden Strafverfahren freigesprochen worden ist,*
  – *sonst die Voraussetzungen der in § 4 genannten Fälle nicht erfüllt sind. ...*

(4) *Die Auflagen (zum Beispiel bezüglich Aufenthaltsort, Meldepflichten, Mitwirkung an sozialen Aufgaben) sollen gewährleisten, dass der Betroffene wieder integriert wird und keine die Menschenwürde verletzenden oder sicherheitsbeeinträchtigenden Taten während einer Fußballveranstaltung begehen kann.*
...

(5) *Die Maßnahmen nach Absatz 3 sind nur zulässig, wenn der Betroffene bei Begehung der Tat*
  – *keine erkennbar kriminelle Einstellung zeigte und die Folgen seiner Tat gering waren,*
  – *einsichtig ist und*
  – *die hohe Wahrscheinlichkeit bietet, dass er sich zukünftig sicherheitskonform verhalten wird.*

Bei Stadionverboten, denen ein schwerer, besonders schwerer oder wiederholter schwerer/besonders schwerer Fall ... zugrunde liegt, kommen diese Maßnahmen in der Regel jedoch frühestens nach Ablauf der Hälfte der Stadionverbotsdauer in Betracht. Fällt der Betroffene erneut auf, tritt das Stadionverbot wieder in vollem Umfang in Kraft. Darüber hinaus kann ein neues Stadionverbot festgesetzt werden.

(7) *Der Verantwortliche entscheidet über den Antrag nach prognostischer Einschätzung, ob von dem Betroffenen zukünftig weitere Sicherheitsbeeinträchtigungen im Zusammenhang mit dem Fußballsport, insbesondere anlässlich einer Fußballveranstaltung, zu erwarten sind. Die Entscheidung trifft er auf der Basis der gewonnenen Erkenntnisse über das sicherheitsbeeinträchtigende Auftreten des Betroffenen nach*
  – *dessen Stellungnahme und*

– *Einholung, Auswertung oder Einbeziehung der ihm zugänglichen und als geboten erscheinenden Erkenntnisquellen, insbesondere des Fanprojekts und des Fanbeauftragten des jeweiligen Bezugsvereins. ... Der Polizei ist Gelegenheit zur Stellungnahme zu geben. ...*

§ 8 Form der Festsetzung des Stadionverbots

(1) *Das Stadionverbot ist stets schriftlich festzusetzen. Ein mündlich ausgesprochenes Stadionverbot ist schriftlich zu bestätigen.*
(2) *Wird die postalische Übermittlung des Stadionverbots erforderlich, ist dieses nachweisbar zuzustellen.*
(3) *Die Aushändigung bzw. die Übermittlung des Stadionverbots ist aktenkundig zu machen.*

§ 9 Verwaltung des Stadionverbots

(1) *Die ordnungsgemäße Registrierung und Verwaltung der örtlichen Stadionverbote sowie die Überwachung der Ablauffristen obliegen grundsätzlich den Stellen, die das Stadionverbot festsetzen; die Registrierung und Verwaltung der bundesweit wirksamen Stadionverbote obliegt dem DFB ....*
(2) *Für die Registrierung und Verwaltung der bundesweit wirksamen Stadionverbote stellt der DFB ... eine Online-Plattform zur Verfügung, in die die festsetzende Stelle das bundesweit wirksame Stadionverbot einträgt und verwaltet.*
(3) *Die das Stadionverbot festsetzenden Stellen verwalten die Stadionverbote mindestens nach zwei Suchkriterien*
    – alphabetisch unter den Namen der Betroffenen,
    – chronologisch nach Ablauf der festgesetzten Dauer.

Im Übrigen erfassen sie folgende Angaben:

• *zur Person:*
    – *Name*
    – *Vorname*
    – *Geburtsdatum*
    – *Wohnstraße*
    – *Wohnort und*
• *Hausrechtsinhaber*
• *Verein, dem die Person zugeneigt ist.*
• *Datum des Vorfalls*

- *Grund des Stadionverbots*
- *Dauer bzw. Ablauffrist des Stadionverbots*
- *Datum der Festsetzung, Aufhebung, Aussetzung und Reduzierung*
- *Auf die … Plattform … haben neben den das Stadionverbot festsetzenden Stellen, Vereine, die Zentrale Informationsstelle Sporteinsätze (ZIS), die Landesinformationsstellen Sporteinsätze (LIS) sowie das Bundespolizeipräsidium, Zugriff. Der DFB (Zentralverwaltung) übermittelt da rüber hinaus zum Zweck des Abgleichs mit Ticketerwerbern aus Deutschland vor Welt- und Europameisterschaften sowie bei sonstigen Klubwettbewerben wie Champions League und Europa League in erforderlichem Umfang ein Exemplar der Liste an die FIFA bzw. UEFA. Gleichermaßen wird bei Auslandsspielen der deutschen Nationalmannschaften dem jeweiligen ausländischen Nationalverband ein Exemplar der Liste übersandt.*
- *Die Vereine leiten der örtlich zuständigen Polizei ein Exemplar der Liste über die bundesweit wirksamen Stadionverbote zu und unterrichten sie gleichzeitig über die nur örtlich geltenden Verbote.*

Die *Zentrale Informationsstelle Sporteinsätze* wird von der Polizei Nordrhein-Westfalens in Duisburg geführt. Die Datenbank „Gewalttäter Sport" besteht seit knapp 30 Jahren und enthält Angaben über eine fünfstellige Zahl fast ausschließlich männlicher Spielbesucher, gegen die im Zusammenhang mit Sportveranstaltungen entweder ein Ermittlungsverfahren eingeleitet wurde oder die rechtskräftig verurteilt wurden wegen.

- Straftaten unter Anwendung von Gewalt gegen Leib oder Leben oder fremde Sachen mit der Folge eines nicht unerheblichen Sachschadens,
- Widerstand gegen Vollstreckungsbeamte (§ 113 StGB),
- Gefährlichen Eingriffs in den Verkehr (§§ 315 ff. StGB),
- Störung öffentlicher Betriebe (§ 316b StGB),
- Nötigung (§ 240 StGB),
- Verstoß gegen das Waffen- oder Sprengstoffgesetz,
- Land- oder Hausfriedensbruch (§§ 123 ff. StGB),
- Gefangenenbefreiung (§ 120 StGB),
- Raub oder Diebstahl,
- Missbrauch von Notrufeinrichtungen (§ 145 StGB),
- Handlungen nach § 27 Versammlungsgesetz,
- Verwenden von Kennzeichen verfassungswidriger Organisationen (§ 86a StGB),
- Volksverhetzung (§ 130 StGB),
- Beleidigung (§ 185 StGB).

Fans werden eingeteilt in Kategorie A (friedlich), B (gewaltbereit/-geneigt) und C
(gewaltsuchend). Eintragungen erfolgen auch, wenn

- auf dem Weg zum Spiel Feuerwerk abgebrannt oder im Zug die Notbremse
  gezogen wird,
- jemand zufällig in eine auffällige Gruppe gerät oder
- gegen Einzelne oder Gruppen im Umfeld von Sportveranstaltungen Platzver-
  weise und Ingewahrsamnahmen stattfinden.

Eine Eintragung kann zu einem bundesweiten Stadionverbot seitens des DFB,
Gefährderansprachen am Wohnort oder Arbeitsplatz druch die Polizei, Meldeauf-
lagen, Entzug des Reisepasses oder Ausreisebeschränkungen führen. Auch eine
Bewerbung im öffentlichen Dienst kann daran scheitern.

Literatur

Stadion

Canetti, E. (2010/1960). *Masse und Macht*. Fischer Taschenbuch.
Ebeling, K., & Schiemenz, K. (2009). *Stadien*. Kulturverlag Kadmos.
Gumbrecht, H. U. (2020). *Crowds. Das Stadion als Ritual von Intensität*. Vittorio Klostermann.
Littmann, K. (2004). *Kultort Stadion*. Friedrich Reinhardt.
Marg, V., & Kähler, G. (2012). *Choreographie der Massen. Im Sport. Im Stadion. Im Rausch*. Jovis.
Marschik, M. u. a. (Hrsg.) (2005). *Das Stadion. Geschichte, Architektur, Ökonomie, Politik*. Turia + Kant.
Nerdinger, W. u. a. (Hrsg.) (2006). *Architektur + Sport. Vom antiken Stadion zur modernen Arena*. Edition Minerva Hermann Farnung.
Provoost, M. (Hrsg.). (2000). *The Stadium*. NAI Publishers.
Seidl, E. (Hrsg.). (2006). *Lexikon der Bautypen*. Philipp Reclam jun.
Sloterdijk, P. (2004). *Sphären. Band III. Schäume*. Suhrkamp.

Atmosphäre

Andermann, K., & Eberlein, U. (Hrsg.). (2010). *Gefühle als Atmosphären*. Akademie.
Blum, E. (2010). *Atmosphäre. Hypothesen zum Prozess der räumlichen Wahrnehmung*. Lars Müller.
Böhme, G. (2013). *Atmosphäre. Essays zur neuen Ästhetik*. Suhrkamp.
ders. (2013). *Architektur und Atmosphäre*. Fink.
Bulka, T. (2015). *Stimmung, Emotion, Atmosphäre. Phänomenologische Untersuchungen zur Struktur der menschlichen Affektivität*. Mentis.
Frank, S., & Steets, S. (2010). *Stadium worlds. Football, space and the built environment*. Taylor & Francis.
Hall, E. T. (1969/1966). *The hidden dimension*. Anchor Books/Doubleday.
Handke, P. (1972). *Die Angst des Tormanns beim Elfmeter*. Suhrkmap.
Hasse, J. (2012). *Atmosphären der Stadt. Aufgespürte Räume*. Jovis.

© Der/die Herausgeber bzw. der/die Autor(en), exklusiv lizenziert an Springer Fachmedien Wiesbaden GmbH, ein Teil von Springer Nature 2022
M. H. Kraus, *Die Arena - das Stadion*, essentials,
https://doi.org/10.1007/978-3-658-39922-1

Heibach, C. (2012). *Atmosphären. Dimensionen eines diffusen Phänomens*. Fink.

Pfaller, L., & Wiesse, B. (2017). *Stimmungen und Atmosphären. Zur Affektivität des Sozialen*. Springer VS.

Rauh, A. (2012). *Die besondere Atmosphäre. Ästhetische Feldforschungen*. transcript.

Schmitz, H. (2014). *Atmosphären*. Karl Alber.

Rees, A. (2016). *Das Gebäude als Akteur. Architekturen und Iihre Atmosphären*. Chronos.

Roesner, D. u. a. (Hrsg.) (2005). *Szenische Orte. Mediale Räume*. Georg Olms.

Wolfe, T. (2005). *I am Charlotte Simmons*. Vintage/Random House.

Zech, S. (2014). *Über das Stimmen von Raum. Atmosphäre im architektonischen Entwurf*. Shaker.

Sicherheit und Überwachung

Eick, V. u. a. (Hrsg.) (2007). *Kontrollierte Urbanität*. transcript.

Eisch-Angus, K. (2018). *Absurde Angst – Narrationen der Sicherheitsgesellschaft*. Springer VS.

Hempel, L., & Metelmann, J. (Hrsg.) (2005). *Bild – Raum – Kontrolle: Videoüberwachung als Zeichen gesellschaftlichen Wandels*. Suhrkamp.

Kammerer, D. (2008). *Bilder der Überwachung*. Suhrkamp.

Klauser, F. R. (2006). *Die Videoüberwachung öffentlicher Räume: Zur Ambivalenz eines Instruments sozialer Kontrolle*. Campus.

Lindell, M. K. u. a. (2019). *Large-scale evacuation: The analysis, modeling, and management of emergency relocation from hazardous areas*. Routledge.

Puschke, J., & Singelnstein, T. (Hrsg.). (2018). *Der Staat und die Sicherheitsgesellschaft*. Springer VS.

Shi, W. u. a. (Hrsg.) (2021). *Urban informatics*. Springer Nature.

Recht und Sport

Beth, M. (2021). *Regressansprüche verbandsrechtlich sanktionierter Fußballklubs gegenüber Pyrotechnik zündenden Stadionbesuchern*. Dr. Kovac.

Dippel, M. (2011). *Zivilrechtliche Haftung für Rassismus bei Sportveranstaltungen am Beispiel des Fußballsports*. Dr. Kovac.

Spöhrer, T. (2019). *Haftung bei Zuschauerausschreitungen*. Dr. Kovac.

rinted in the United States
Baker & Taylor Publisher Services